计算机辅助设计实践教程

主　编　赵　丽　张　腾

副主编　卜令昕

科学出版社

北　京

内 容 简 介

  本书全面系统地融会贯穿了计算机二维绘图和三维绘图。针对工科相关专业需要，以知识脉络作为线索，以工程典型实例作为抓手，帮助读者掌握工程设计的基本技能和技巧。本书引用的实例是工科相关专业常用的经典工程设计案例。本书二维部分包括平面图形、组合体、轴测图、剖视图、零件图的绘制，三维部分包括零件建模、零件装配、工程图转换等。本书能够反映专业设计理念和学生创新训练的精髓，并达到举一反三的效果。

  本书介绍了多种计算机绘图技术和技巧，同时还讲解了多个综合的图形绘制范例，有助于读者计算机绘图技能的训练和提高，可作为高等院校工科相关专业计算机绘图软件学习教材，也可作为相关培训班的培训用书。

图书在版编目（CIP）数据

计算机辅助设计实践教程 / 赵丽，张腾主编. -- 北京：科学出版社，2025. 1. -- ISBN 978-7-03-078762-0

I. TP391.72

中国国家版本馆 CIP 数据核字第 2024464XX8 号

责任编辑：朱晓颖 / 责任校对：王 瑞
责任印制：师艳茹 / 封面设计：迷底书装

科 学 出 版 社 出版

北京东黄城根北街 16 号
邮政编码：100717
http://www.sciencep.com

天津市新科印刷有限公司印刷
科学出版社发行　各地新华书店经销

*

2025 年 1 月第 一 版　开本：787×1092　1/16
2025 年 1 月第一次印刷　印张：11
字数：270 000

定价：49.80 元

前　言

随着高等教育的全面改革，工程制图实践课程也面临着教学内容、教学体系及教学手段的改革。本书的编写正是为了适应当前科学技术的发展，以及我国大多数院校工科相关专业课程的教学现状和教学改革发展趋势，使教学内容、教学方法及教学手段相协调，力求在不增加师生负担的情况下，充分利用教学资源，最大限度地调动学生学习的主动性和积极性，使学生在规定的学时内，掌握好计算机绘图的基本技能，努力使工程图学教育向以"知识、技能、方法、能力、素质"综合培养的教育方向转化。本书引用的实例是工科相关专业常用的经典工程设计案例，能够反映专业设计理念和学生创新训练的精髓，并达到举一反三的效果。

本书由北方民族大学赵丽和张腾担任主编，北方民族大学卜令昕担任副主编。全书共 5 章，第 1 章、第 2 章由赵丽编写，第 3 章、第 4 章由张腾编写，第 5 章由卜令昕编写。

本书是北方民族大学先进装备制造现代产业学院建设规划教材。在编写过程中得到了工业和信息化部"专精特新产业学院"建设项目和自治区级"现代产业学院"建设项目的经费支持，在此一并表示衷心感谢。

在本书的编写过程中，参考了国内外专家和同行的教材、著作和研究成果，并参阅了国家标准和互联网上公开的相关资料，在此表示感谢。

由于编者水平有限，书中难免存在不当之处，恳请同行专家和读者批评指正。

编　者
2024 年 6 月

目　　录

第1章　二维绘图实践项目

1.1　挂轮架的绘制

挂轮架主要由直线、相切圆及圆弧组成。因此可以利用"直线""圆""圆弧"命令，配合"修剪"命令来绘制图形。挂轮架的上部是对称的结构，可以利用"镜像"命令对其进行操作，对于其中的连接圆角均采用"圆角"命令绘出，如图 1-1 所示。

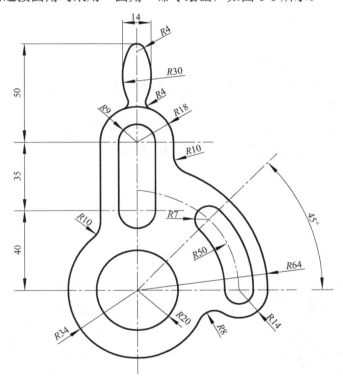

图 1-1　挂轮架平面图形

本节主要练习平面图形的绘制，包括图层设置，常用的"圆""直线"等绘图命令，以及"修剪""偏移"等编辑命令的使用；练习使用圆弧连接知识点完成挂轮架的绘制，绘图过程如下。

（1）设置中心线、轮廓线、尺寸标注图层。单击"直线"命令，绘制 R20、R34 定位中心线。单击"偏移"命令，将其向上偏移 40mm、35mm、50mm，完成其他定位线的绘制，在同一层绘制 45° 定位线及 R50 定位圆，如图 1-2 所示。

（2）切换到轮廓线层，单击"圆"命令，以上述中心线和定位线的交点为圆心绘制 R20、R34、R7、R9 已知线段，如图 1-3 所示。

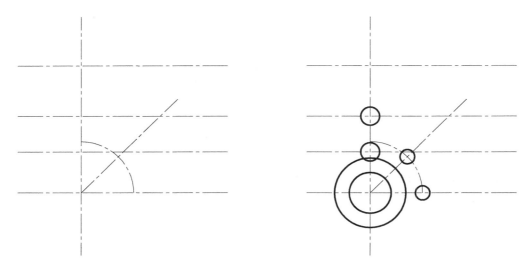

图 1-2 绘制中心线、定位线   图 1-3 绘制已知线段

（3）单击"圆"命令绘制与 $R7$ 圆内外相切的圆，单击"直线"命令绘制和 $R9$ 圆相切的直线，如图 1-4 所示。

（4）单击"修剪"命令，以 $R7$ 两圆为修剪边界修剪并删除多余圆弧，以与 $R9$ 两圆相切的直线为修剪边界修剪并删除多余圆弧，如图 1-5 所示。

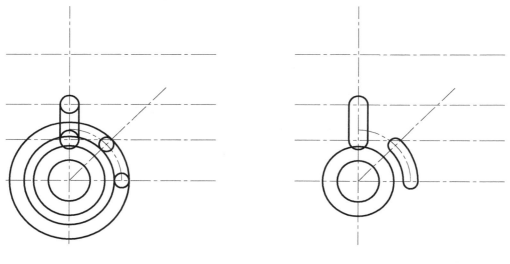

图 1-4 绘制中间线段   图 1-5 修剪多余线段

（5）单击"圆"命令，分别以 $R7$、$R9$ 圆的圆心为圆心，以 $R14$、$R18$、$R64$ 为半径画圆。单击"直线"命令绘制与 $R18$ 圆相切的两条直线，并修剪删除多余圆弧和线段，如图 1-6 所示。

（6）单击相切画圆命令，捕捉 $R14$ 圆和 $R34$ 圆的切点，以 $R8$ 为半径画圆。捕捉 $R64$ 圆弧和 $R18$ 圆的切点，以 $R10$ 为半径画圆。捕捉 $R34$ 圆和 $R18$ 圆相切直线的切点，以 $R10$ 为半径画圆，如图 1-7 所示。

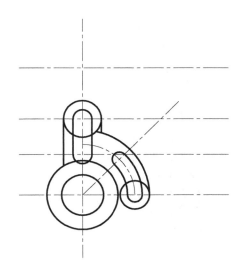

图 1-6　绘制切线、连接圆弧

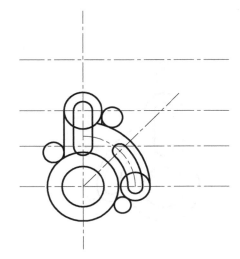

图 1-7　绘制连接线段

（7）单击"修剪"命令，以 $R14$ 圆和 $R34$ 圆为边界修剪删除多余圆弧，以 $R64$ 圆弧和 $R18$ 圆为边界修剪删除多余圆弧，以 $R34$ 圆和 $R18$ 圆相切直线为边界修剪删除多余圆弧，如图 1-8 所示。

（8）单击"偏移"命令，将竖直中心线左右各偏移 7mm，如图 1-9 所示。

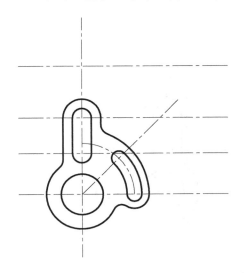

图 1-8　修剪多余线段

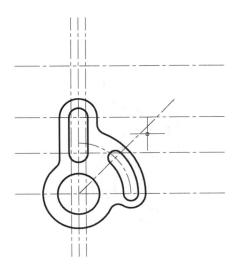

图 1-9　绘制手柄相切直线

（9）单击"两点画圆"命令，以 8mm 为直径画圆。单击"偏移"命令，根据圆弧连接内切几何原理，选择上述偏移两直线左右各偏移 30mm，如图 1-10 所示。

（10）切换图层，单击"圆"命令，以 $R4$ 圆的圆心为圆心、半径 26mm 画圆，和偏移 30mm 直线的交点确定为连接圆弧 $R30$ 的圆心，如图 1-11 所示。

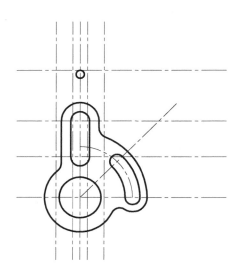

图 1-10　绘制连接圆弧圆心辅助线

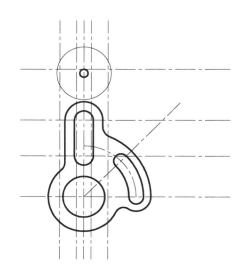

图 1-11　绘制连接圆弧圆心轨迹圆

（11）切换图层，单击"圆"命令，以上述偏移 30mm 直线和半径 26mm 圆的交点为圆心，以 30mm 为半径画圆，如图 1-12 所示。

（12）单击"修剪"命令，以 R4 圆和 R18 圆为边界修剪并删除多余线段，完成 R30 左侧连接圆弧的绘制，如图 1-13 所示。

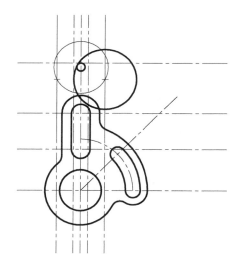

图 1-12　绘制连接圆弧圆

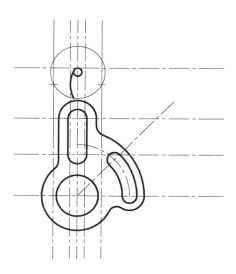

图 1-13　修剪删除多余线段

（13）单击"镜像"命令，选择左侧 R30 连接圆弧，以竖直中心线为镜像线完成右侧连接圆弧的绘制，以 R30 连接圆弧为边界修剪 R4 圆多余部分，如图 1-14 所示。

（14）单击"圆角"命令，选择 R30 连接圆弧和 R18 圆，以 4mm 为半径，两边各倒 R4 圆角。单击"修剪"命令，修剪并删除多余线段完成挂轮架头部图形的绘制，如图 1-15 所示。

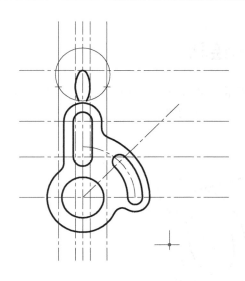

图 1-14　镜像手柄右侧部分　　　　　　　　图 1-15　绘制手柄连接线段

（15）单击"删除"命令，删除图形中多余线段完成挂轮架平面图形的绘制，如图 1-16 所示。

（16）切换图层，修改尺寸标注样式，使用线性、半径、直径、角度标注完成挂轮架平面图形尺寸标注，如图 1-17 所示。

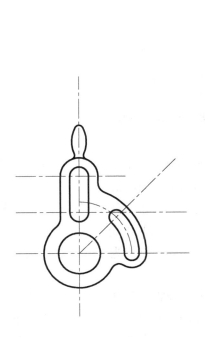

图 1-16　修剪删除多余线段

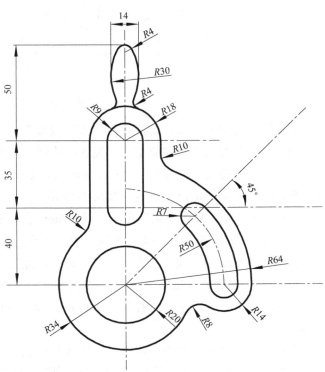

图 1-17　尺寸标注

1.2　支座的绘制

支座绘制

　　支座由圆筒、支撑板和底板组成，如图 1-18 所示。可以采用坐标定位法绘制支座的三视图，配合"直线""圆""修剪""偏移"等命令实现三视图的绘制。

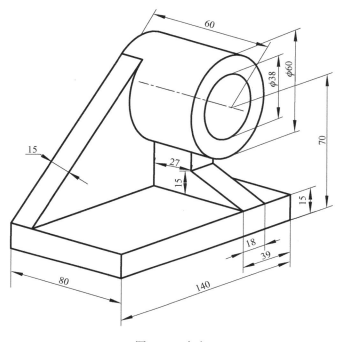

图 1-18　支座

　　本节练习支座的绘制，练习使用"图层设置""圆""直线""修剪""偏移"等编辑命令及视图"三等"对应关系完成支座三视图的绘制。绘图过程如下。

　　（1）设置中心线、轮廓线、尺寸标注图层，单击"直线"命令，绘制 ϕ38mm、ϕ60mm 圆的长度、高度方向的定位中心线，如图 1-19 所示。

　　（2）切换图层，单击"圆"命令，以 ϕ38mm 圆的长度和高度方向的定位中心线交点为圆心，分别以 19mm、30mm 为半径画圆。单击"直线"命令，捕捉 ϕ60mm 圆的最右点，向下绘制长度为 70mm 的直线。单击"矩形"命令，捕捉长度为 70mm 的直线的下端点，绘制长度为 140mm、高度为 15mm 的矩形，连接矩形左上点和 ϕ60mm 圆的相切点。单击"偏移"命令，将定位中心线向左、向右各偏移 9mm，绘制宽度为 18mm、高度为 15mm 的肋板，如图 1-20 所示。

　　（3）单击"矩形"命令，启用正交模式及对象追踪功能，捕捉主视图矩形的左下角点，垂直向下拉鼠标至合适位置后确定，绘制俯视图长度为 140mm、宽度为 80mm 的底板。单击"直线"命令，捕捉主视图矩形的左上角点和 ϕ60mm 圆的切点，向下追踪绘制俯视图宽 15mm 和 ϕ60mm 圆相切的直线。单击"直线"命令，捕捉主视图 ϕ60mm 圆的最左、最右点向下追踪绘制俯视图宽度为 60mm 的矩形。单击"直线"命令，捕捉主视图长度为 18mm 的肋板左、右点向下追踪绘制俯视图长度为 18mm、宽度为 27mm 的肋板。单击"修剪"命令，修剪并删除多余线段，如图 1-21 所示。

（4）切换图层，单击"直线"命令，捕捉主视图 ϕ38mm 圆孔和长度为 18mm 的肋板左、右点，向下追踪，绘制俯视图圆筒、肋板的不可见图线，如图 1-22 所示。

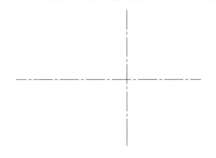

图 1-19　绘制定位中心线

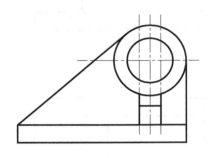

图 1-20　绘制主视图底板、圆筒、支撑板

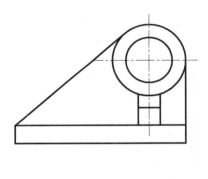

图 1-21　绘制俯视图底板、圆筒、支撑板

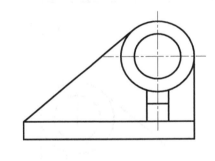

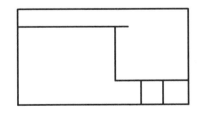

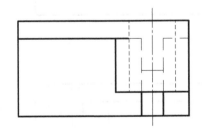

图 1-22　绘制俯视图不可见图线

（5）切换图层，单击"直线"命令，按照"三等"对应关系，向右追踪绘制左视图宽度、高度定位线及作图辅助线，如图 1-23 所示。

（6）切换图层，单击"直线"命令，按照"三等"对应关系绘制左视图宽度为 60mm、直径分别为 38mm 和 60mm 的圆筒。单击"矩形"命令，捕捉主视图右下点，向右追踪绘制宽度为 80mm、高度为 15mm 的底板。单击"直线"命令，捕捉主视图支撑板和圆筒切点，向右追踪绘制切线；捕捉主视图肋板对应点，绘制高度为 15mm、宽度为 27mm 肋板的左视图，如图 1-24 所示。

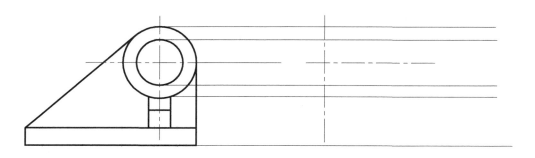

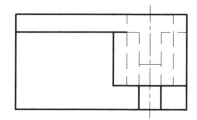

图 1-23　绘制左视图定位线、作图辅助线

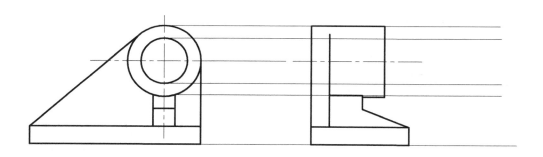

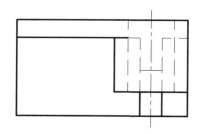

图 1-24　绘制左视图底板、圆筒、支撑板

（7）切换图层，单击"直线"命令，捕捉主视图ϕ38mm圆孔的上、下点，向右追踪绘制左视图不可见图线，删除作图辅助线，完成左视图的绘制，如图 1-25 所示。

（8）切换图层，修改尺寸标注样式，使用线性标注、直径标注完成支座三视图绘制，如图 1-26 所示。

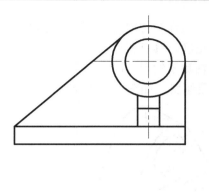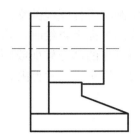

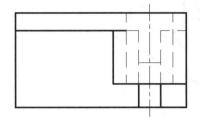

图 1-25　绘制左视图不可见图线并删除作图辅助线

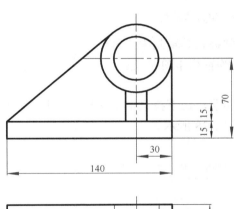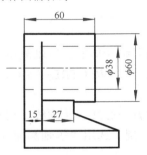

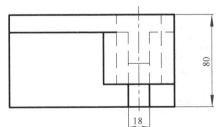

图 1-26　标注尺寸

1.3　正等轴测图的绘制

正等轴测图
绘制

　　正等轴测图其实是平面图形，但其坐标系不同于笛卡儿坐标系，而是三个坐标轴之间互成 120°。绘制轴测图时应该首先绘制好坐标轴，根据图形中线条所对应的坐标轴方向绘制或复制对应的线条。在确定相应位置或尺寸时要通过辅助圆的方法来确定，一般以距离为半径画圆，确定圆和目标图线的交点，测量时要沿坐标轴方向进行测量。绘制等轴测椭圆时需要切换到相应的平面上再绘制，才能保证方向正确。具有相同轮廓线时可以根据距离进行复制，然后将不可见的部分修剪或删除。在标注轴测图的尺寸时为了保持文本方向和图线方向一致，尺寸线、箭头、尺寸界限、尺寸数字需要倾斜，如图 1-27 所示。

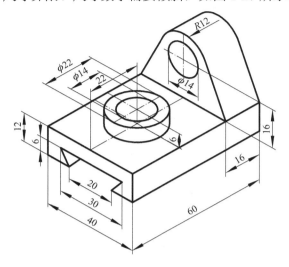

图 1-27　组合体轴测图

　　本节练习组合体的正等轴测图绘制，掌握正等轴测模式画辅助圆，实现准确绘图及不同平面的切换方式（按 CTRL+E 键），练习正等轴测作图模式及尺寸标注的设置、标注方法，作图过程如下。

　　（1）设置中心线、轮廓线、尺寸标注图层，在下拉菜单工具栏中打开"草图设置"对话框，"捕捉类型"选用"等轴测捕捉"，如图 1-28 所示。

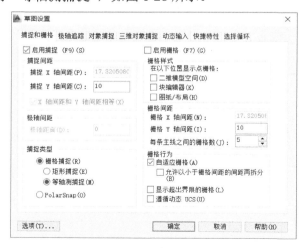

图 1-28　设置"捕捉类型"

　　（2）单击"直线"命令，按 CTRL+E 键切换绘图平面，绘制不同方向的轴测轴。单击"圆"命令，分别以底板长方体的长度 60mm、宽度 40mm、高度 12mm 为半径绘制作图辅助圆，如图 1-29 所示。

（3）单击"直线"命令，以圆心至 60mm 圆线段长画长方体板的长度，以圆心至 40mm 圆线段长画长方体板的宽度，以圆心至 12mm 圆线段长画长方体板的高度。单击"复制"命令，复制长方体板长度、宽度、高度的对应边，如图 1-30 所示。

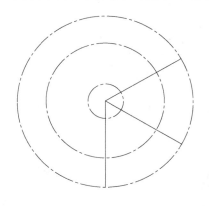
图 1-29　绘制轴测轴和辅助圆

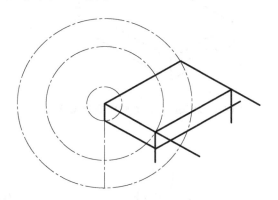
图 1-30　绘制底板

（4）单击"修剪"命令，修剪并删除多余线段，完成长方体板的绘制，如图 1-31 所示。

（5）单击"圆"命令，以长方体板左下方线段中点和底板高度一半线段中点为圆心，绘制 R10mm、R15mm 的底板槽作图辅助圆，如图 1-32 所示。

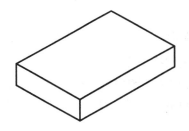
图 1-31　修剪并删除多余线段

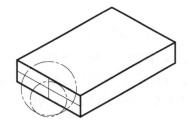
图 1-32　绘制底板槽作图辅助圆

（6）单击"直线"命令，连接 R10mm 辅助圆和底边的交点至底板高度一半线段和 R15mm 辅助圆的交点。单击"修剪"命令，修剪删除多余线段，完成底板槽的绘制，如图 1-33 所示。

（7）单击"直线"命令，按 CTRL+E 键切换不同平面绘制水平中心线和竖直中心线。单击"圆"命令，以水平中心线和竖直中心线的交点为圆心，以 16mm 为半径画辅助圆，如图 1-34 所示。

（8）单击"椭圆"命令，选择等轴测椭圆模式，按 CTRL+E 键切换平面，以 R16mm 圆和竖直中心线的交点为圆心，分别以 7mm 和 12mm 为半径画等轴测椭圆，如图 1-35 所示。

（9）单击"直线"命令，绘制底板和椭圆的外公切线。单击"复制"命令，将椭圆、外公切线、中心线沿底板中心线向前复制距离 16mm，如图 1-36 所示。

（10）单击"直线"命令，绘制前后椭圆的切线。单击"修剪"命令，修剪并删除多余线段，完成竖板绘制，如图 1-37 所示。

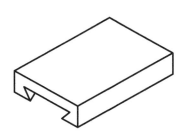

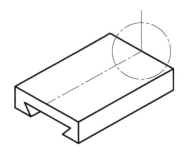

图 1-33　连接底板槽并修剪多余线段　　　　　　图 1-34　绘制中心线及作图辅助圆

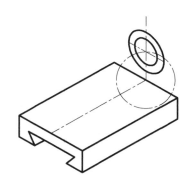

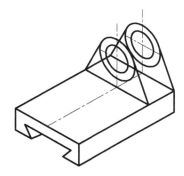

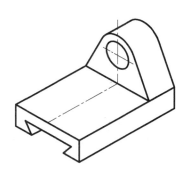

图 1-35　绘制竖板椭圆　　　　　图 1-36　绘制切线及复制图形　　　　　图 1-37　修剪并删除多余线段

（11）切换图层，单击"直线"命令，按 CTRL+E 键切换平面，绘制底板圆中心线（距离底板边 22mm）。切换图层，单击"椭圆"命令，选择等轴测椭圆模式，按 CTRL+E 键切换平面，以两条水平中心线的交点为圆心，分别以 7mm 和 11mm 为半径画等轴测椭圆，如图 1-38 所示。

（12）单击"复制"命令，将两条水平中心线和 R7mm、R11mm 等轴测椭圆向上复制 6mm，如图 1-39 所示。

（13）单击"直线"命令，绘制上、下椭圆的外公切线。单击"修剪"命令，修剪并删除多余线段，完成底板上圆柱体的绘制，如图 1-40 所示。

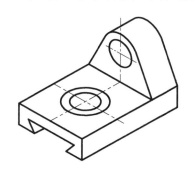

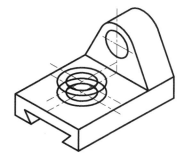

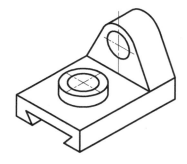

图 1-38　绘制圆柱体底圆　　　　　图 1-39　复制圆柱体顶圆　　　　　图 1-40　修剪并删除多余线段

（14）切换图层，修改尺寸标注样式，使用对齐标注、倾斜角度完成尺寸标注，如图 1-41 所示。

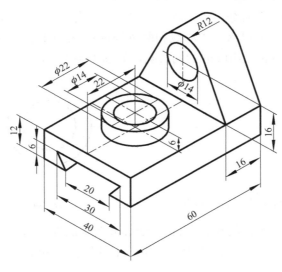

图 1-41 完成尺寸标注

曲柄绘制

1.4 曲柄的绘制

曲柄由相交的曲柄臂和曲柄轴组成，如图 1-42 所示。为表达其内部结构，俯视图采用旋转剖视图，用相交的正垂面和水平面剖切后，将倾斜部分旋转到和水平轴线同轴后再投射。

本节练习旋转剖视图的绘制，掌握"对象捕捉"的设置和使用方法，熟悉"圆""直线""旋转""修剪""偏移""图案填充"等绘图命令的使用，掌握平面图形中常见的辅助线的使用方法和技巧。

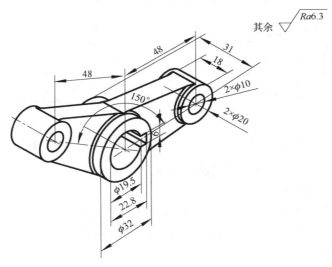

图 1-42 曲柄

绘图过程如下。

（1）设置中心线、轮廓线、尺寸标注图层。单击"直线"命令，绘制水平中心线和左侧竖直中心线。单击"偏移"命令，将左侧竖直中心线向右偏移48mm，如图1-43所示。

（2）单击"圆"命令，以水平中心线和两条竖直中心线的交点为圆心，绘制轴孔部分为ϕ20mm、ϕ32mm、ϕ20mm、ϕ10mm的同心圆，如图1-44所示。

 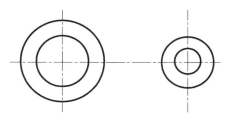

图1-43　绘制水平中心线和竖直中心线　　　　　　图1-44　绘制轴孔同心圆

（3）单击"直线"命令，绘制ϕ32mm、ϕ20mm两圆的外公切线，如图1-45所示。

（4）单击"偏移"命令，将水平中心线上、下各偏移3mm，左侧竖直中心线向右偏移12.8mm，如图1-46所示。

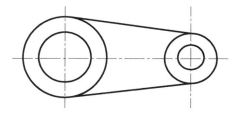 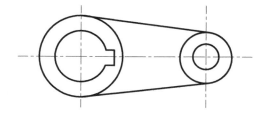

图1-45　绘制两圆的外公切线　　　　　　图1-46　偏移水平中心线及竖直中心线

（5）单击"直线"命令，绘制左侧圆孔键槽，如图1-47所示。

（6）单击"删除"命令，删除多余辅助线，如图1-48所示。

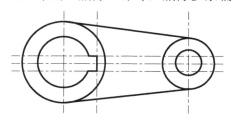 

图1-47　绘制圆孔键槽　　　　　　图1-48　删除多余辅助线

（7）单击"旋转"命令，选择"复制"选项，将右侧圆孔、外公切线、中心线逆时针旋转复制150°，如图1-49所示。

（8）单击"直线"命令，绘制竖直辅助线，如图1-50所示。

（9）单击"直线"命令，在合适位置绘制一条水平辅助线并将其向下偏移12mm、7mm、3mm，如图1-51所示。

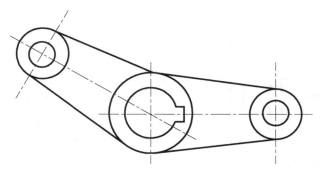

图 1-49　旋转图形

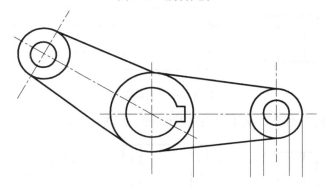

图 1-50　绘制竖直辅助线

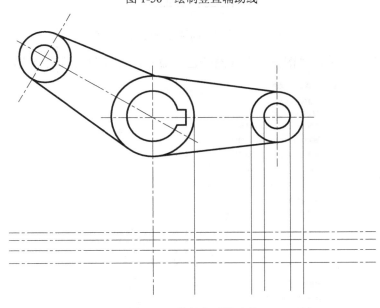

图 1-51　绘制水平辅助线

（10）单击"直线"命令，按照尺寸连接俯视图线段并倒圆角，如图 1-52 所示。

（11）单击"镜像"命令，将俯视图的上半部分图形沿最下面的辅助线镜像出下半部分图形。单击"删除"命令，删除多余辅助线，如图 1-53 所示。

（12）单击"镜像"命令，将右侧整个图形沿着左侧中心线镜像出左侧图形，如图 1-54 所示。

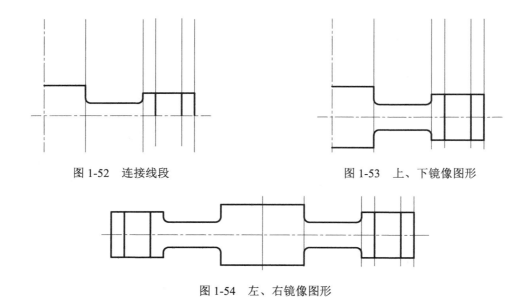

图 1-52　连接线段　　　　　　　　　　图 1-53　上、下镜像图形

图 1-54　左、右镜像图形

（13）单击"直线"命令，从主视图追踪绘制中间圆孔键槽及中心线，如图 1-55 所示。

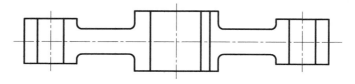

图 1-55　绘制中间圆孔键槽及中心线

（14）切换图层，单击"图案填充和渐变色"命令，设置图案填充样式，如图 1-56 所示。

图 1-56　设置填充样式

（15）选择俯视图实体部分填充剖面线，如图 1-57 所示。

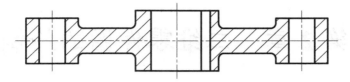

图 1-57 填充剖面线

（16）修改尺寸标注样式，使用线性标注、半径标注、直径标注、角度标注完成曲柄的绘制，如图 1-58 所示。

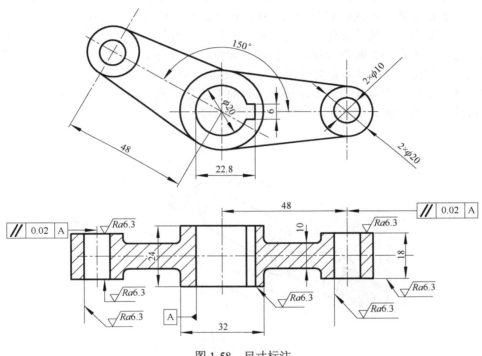

图 1-58 尺寸标注

第2章　二维零件图的绘制

2.1　轴套类零件图的绘制

轴类零件
图绘制

轴类零件在机械零件中较常见，其主要作用是支撑传动件，并通过传动件来实现旋转运动及传递转矩，由同轴圆柱体组成，轴上通常有键槽、退刀槽、越程槽，如图 2-1 所示。轴套类零件一般由轴和衬套这两部分构成，在使用视图表达的时候，只需要画出一个基本视图再配以适当的断面图和尺寸标注，就可以把轴套的主要形状特征以及局部结构完整地表达出来。为了方便工人在加工时查看图纸，轴线一般按水平方向放置并进行投影，并且通常选择轴线为侧垂线的位置。在对轴套类零件做尺寸标注时，通常都会以它的轴线为径向尺寸基准，这样做的好处是可以把设计上的要求和加工时的工艺基准统一起来。而沿轴长度方向的基准则经常选用重要的端面、接触面，如轴肩或加工面等。

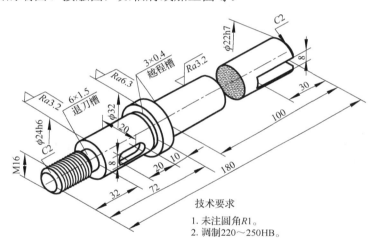

图 2-1　轴类零件

本节主要练习轴类零件图的绘制，使用"绘图""偏移""修剪"等命令完成图形绘制；可以利用图形的对称性，绘制图形的一半再进行镜像处理来完成；使用零件图尺寸公差、形位公差、表面粗糙度的标注完成零件图的绘制。绘图过程如下。

（1）设置轮廓线层、中心线层、尺寸标注层。单击"直线"命令，绘制轴的水平中心线和左端竖直辅助线。单击"偏移"命令，将左端竖直辅助线分别向右偏移 32mm、72mm、80mm、150mm、180mm，如图 2-2 所示。

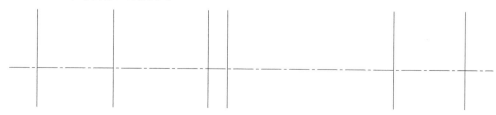

图 2-2　绘制水平中心线和竖直中心线

（2）切换图层，单击"直线"命令，绘制 M16、ϕ24mm、ϕ32mm、ϕ22mm 轴径及 6mm×1.5mm、3mm×0.4mm、30mm×8mm 槽的下半部分，如图 2-3 所示。

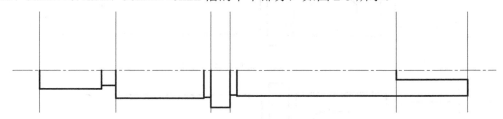

图 2-3 绘制轴径及槽的下半部分

（3）单击"倒角"命令，绘制轴两端 C2 倒角，如图 2-4 所示。

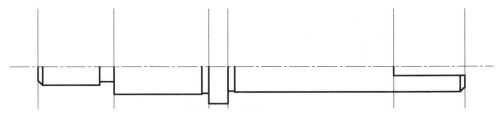

图 2-4 绘制倒角

（4）单击"镜像"命令，选择上述（3）绘制的图形，沿中心线镜像，完成轴主视图的绘制，如图 2-5 所示。

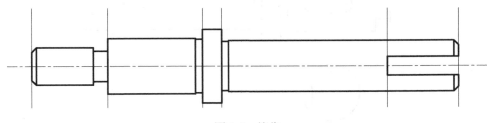

图 2-5 镜像

（5）单击"直线"命令，绘制 M16 螺纹小径线和 ϕ24mm 轴段长度为 20mm、宽度为 8mm 的键槽，如图 2-6 所示。

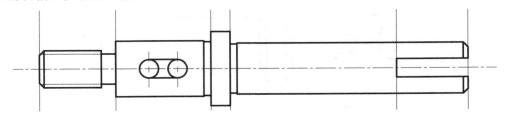

图 2-6 绘制小径线和键槽

（6）单击"修剪"命令，修剪并删除多余线段，完成主视图的绘制，如图 2-7 所示。

（7）切换图层，单击"直线"命令绘制 ϕ24 轴段键槽移出断面图的中心线。单击"圆"命令绘制 ϕ24mm 圆。单击"偏移"命令将水平中心线上、下各偏移 4mm，竖直中心线向右偏移 8mm，连接键槽线段，如图 2-8 所示。

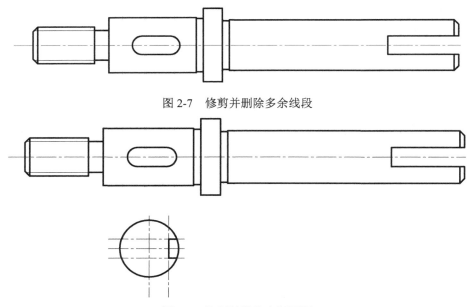

图 2-7　修剪并删除多余线段

图 2-8　绘制键槽移出断面图

（8）单击"修剪"命令，修剪并删除多余线段，如图 2-9 所示。

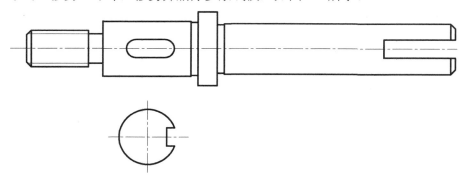

图 2-9　修剪并删除多余线段

（9）单击"图案填充"命令，设置图案填充样式，填充移出断面图剖面线，如图 2-10 所示。

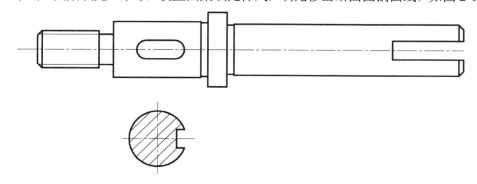

图 2-10　绘制移出断面图剖面线

（10）插入图框、标题栏。切换图层，修改尺寸标注样式，标注轴类零件图尺寸、表面粗糙度、倒角等，如图 2-11 所示。

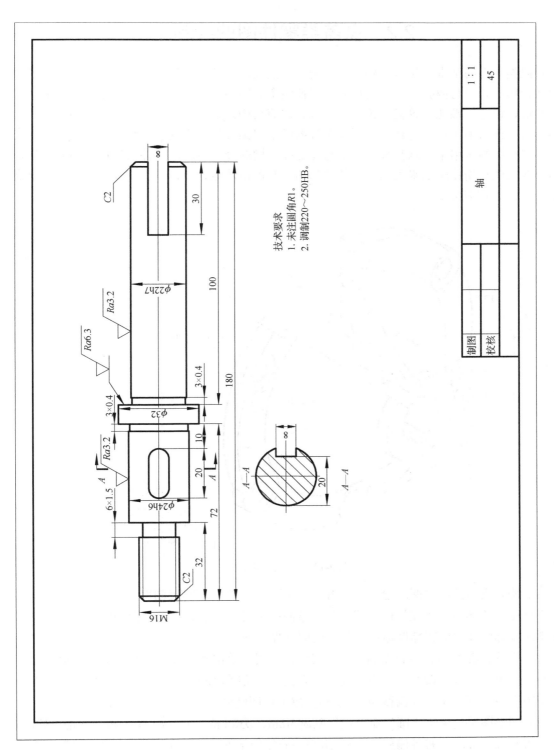

技术要求
1. 未注圆角R1。
2. 调制220~250HB。

图 2-11　尺寸标注

2.2　盘盖类零件图的绘制

盘盖类零件的基本形状多为扁平状结构，其主要作用是实现旋转运动及传递转矩，多为同轴回转体的外形与内孔，其轴向尺寸比其他两个方向的尺寸小。在盘盖类零件上，常有凸台、凹坑、销孔、螺孔、轮辐、轮缘、轮毂、键等结构。这类零件主要在车床上加工，所以按其形状特征与加工位置选择主视图和左视图两个视图表达，主视图轴线水平放置，采用全剖视，左视图则多用来表示其轴向外形与盘上孔、槽的分布情况。零件上其他细小结构常采用局部放大图与简化画法来表达。本节绘制的机匣盖由圆盘、凸台、支撑板、阶梯孔、键槽组成，如图 2-12 所示。

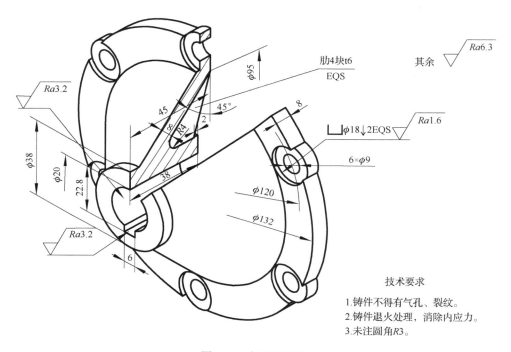

图 2-12　机匣盖零件

本节练习机匣盖零件图的绘制，使用"偏移""阵列""修剪""图案填充"等命令绘制机匣盖零件图，绘图时先画左视图形状特征，按照投影对应关系完成主视图的绘制。同时掌握零件图尺寸标注及表面粗糙度标注。具体绘图过程如下。

（1）设置轮廓线层、中心点画线层、尺寸标注层。单击"直线"命令，选取合适位置绘制中心线。单击"圆"命令，以中心线交点为圆心，绘制 ϕ120mm 分度圆。单击"偏移"命令，将中心线上下、左右各偏移 4mm 绘制支撑板作图辅助线，如图 2-13 所示。

（2）切换图层，单击"圆"命令，绘制 ϕ95mm、ϕ38mm、ϕ20mm 轮廓圆。单击"偏移"命令，将竖直中心线左右各偏移 3mm，水平中心线向下偏移 12.8mm。单击"直线"命令，连接支撑板轮廓线及孔键槽轮廓线，如图 2-14 所示。

图 2-13　绘制中心线及定位线　　　　　　　　图 2-14　绘制轮廓圆及键槽

（3）单击"圆"命令，绘制ϕ132mm 轮廓圆及ϕ18mm、ϕ9mm 阶梯孔。单击"阵列"命令，选择"环形阵列"完成其他阶梯孔的绘制。单击"修剪"命令，以ϕ132mm 轮廓圆为边界修剪ϕ18mm 圆的多余部分，删除多余线段，如图 2-15 所示。

（4）单击"修剪"命令，以ϕ18mm 圆为边界修剪ϕ132mm 轮廓圆的多余部分，以键槽的两条竖直线为边界修剪ϕ20mm 圆孔的多余部分，如图 2-16 所示。

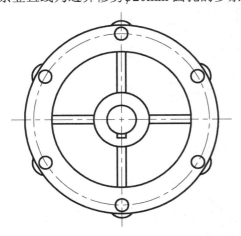

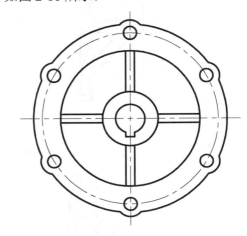

图 2-15　环形阵列绘制阶梯孔　　　　　　　　图 2-16　修剪并删除多余线段

（5）切换图层，单击"直线"命令，按照投影对应关系由左视图追踪绘制主视图中心线及定位线。绘制竖直定位线，单击"偏移"命令将其向右偏移 36mm、38mm、45mm，如图 2-17 所示。

（6）切换图层，单击"直线"命令，连接机匣盖总高 45mm、圆柱孔高 38mm、圆盘高 8mm、阶梯孔ϕ18mm、ϕ9mm 轮廓线。绘制支撑板 45°斜线，单击"偏移"命令，偏移厚度为 8mm 的另一条 45°斜线，连接其余线段，如图 2-18 所示。

（7）单击"修剪""删除"命令，修剪删除多余线段。切换图层，单击"图案填充"命令，设置填充样式，在主视图实体上填充剖面线完成机匣盖主视图的绘制，如图 2-19 所示。

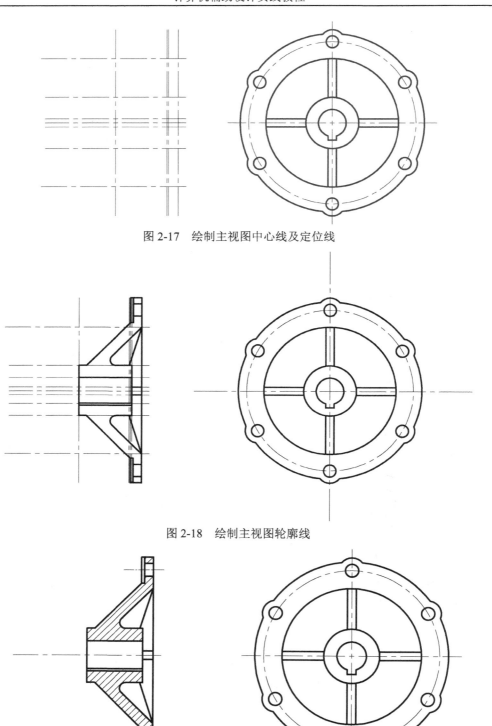

图 2-17　绘制主视图中心线及定位线

图 2-18　绘制主视图轮廓线

图 2-19　修剪并删除多余线段

（8）插入图框、标题栏。切换图层，修改尺寸标注样式，使用线性标注、对齐标注及直径标注、半径标注、角度标注等完成尺寸及表面粗糙度的标注，如图 2-20 所示。

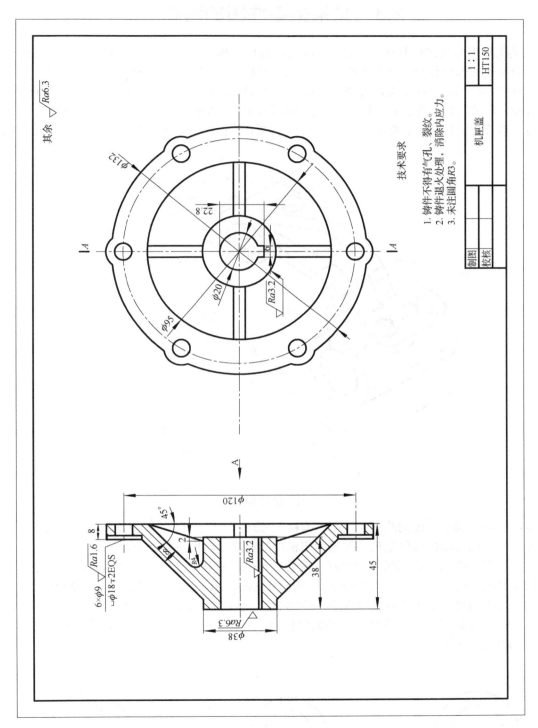

图 2-20　尺寸标注

叉架类零
件图绘制

2.3　叉架类零件图的绘制

　　叉架类零件形状比较复杂，一般需要经过铸造加工和切削加工等多道工序，由支承部分、工作部分和连接部分构成。这类零件包括拨叉、连杆、支架等，一般是机器上用于操纵机构的零件，许多零件都有歪斜结构，视图选择时一般以自然放置、工作位置或按形状特征方向作为主视方向，常采用 1 个或 2 个基本视图。对于倾斜及未表达特征还常配有断面图、斜视图、局部视图等。本节绘制的踏架主要由圆筒、凸台、支撑板、连接板、阶梯孔等组成，如图 2-21 所示。

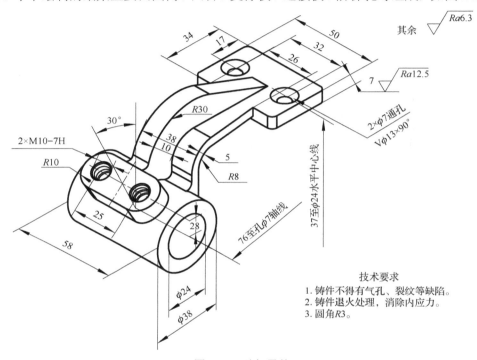

图 2-21　踏架零件

　　本节练习踏架零件图的绘制，使用"偏移""修剪""样条曲线""图案填充"等命令绘制踏架零件图，同时掌握零件图尺寸及表面粗糙度的标注，绘图过程如下。

　　（1）设置中心线、轮廓线、尺寸标注图层，单击"直线"命令，在合适位置画十字中心线。切换到轮廓线层，单击"圆"命令，绘制 R12mm、R19mm 同心圆，如图 2-22 所示。

　　（2）切换图层，单击"直线"命令，绘制 30° 斜线和其垂直的辅助线，如图 2-23 所示。

　　（3）单击"偏移"命令，将垂直的辅助线向上偏移 28mm，将 30° 斜线两边各偏移 5mm、10mm，如图 2-24 所示。

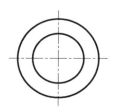

图 2-22　绘制中心线及同心圆

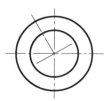

图 2-23　绘制辅助线

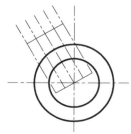

图 2-24　偏移辅助线

（4）单击"直线"命令，连接相关线段。单击"修剪"命令，修剪并删除多余线段和辅助线，如图 2-25 所示。

（5）单击"偏移"命令，将水平中心线向上偏移 24mm、32mm、37mm，竖直中心线向右偏移 27mm，如图 2-26 所示。

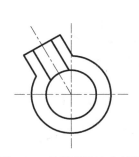

图 2-25　修剪删除多余线段

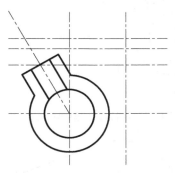

图 2-26　偏移水平中心线和竖直中心线

（6）单击"直线"命令，连接相关线段。单击"倒圆角"命令，设置半径为 8mm，选择两直线倒 R9 圆角。单击"偏移"命令，选择 R8 圆角向上偏移 5mm，如图 2-27 所示。

（7）单击"偏移"命令，将竖直中心线向右偏移 76mm 得到 $2\times\phi7$mm 阶梯孔中心线，将该中心线左右各偏移 6.5mm、3.5mm。单击"直线"命令，连接相关线段，绘制长 34mm、高 7mm 的长方形板，如图 2-28 所示。

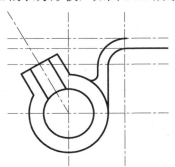

图 2-27　连接线段偏移圆角

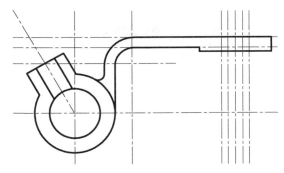

图 2-28　偏移竖直中心线

（8）单击"直线"命令，绘制 $2\times\phi7$mm 的阶梯孔。单击"删除"命令，删除多余辅助线，如图 2-29 所示。

（9）单击"圆"命令，以 R8mm 圆弧圆心为圆心，绘制 R30mm 圆。单击"直线"命令，绘制阶梯孔中心线至 R30mm 圆的切线，如图 2-30 所示。

（10）单击"修剪"命令，以 R30mm 圆的切线和 $\phi38$mm 圆柱轮廓线为边界修剪多余圆弧，如图 2-31 所示。

（11）切换图层，单击"样条曲线"命令，绘制剖切部分的波浪线。单击"图案填充"命令，设置填充样式，在剖切实体上填充剖面线，如图 2-32 所示。

（12）切换图层，单击"直线"命令，根据投影对应关系绘制俯视图作图辅助线，如图 2-33 所示。

（13）单击"偏移"命令，将俯视图水平中心线上、下各偏移 29mm、25mm、19mm、13mm、5mm，如图 2-34 所示。

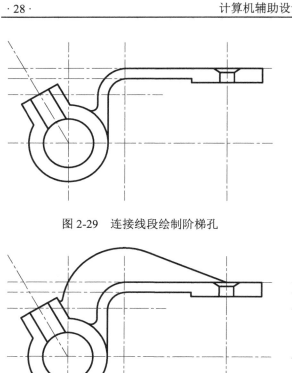

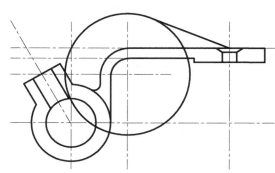

图 2-29　连接线段绘制阶梯孔　　　　　　　图 2-30　绘制连接圆弧及切线

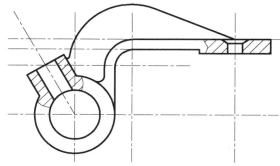

图 2-31　修剪多余圆弧　　　　　　　　　　图 2-32　填充剖面线

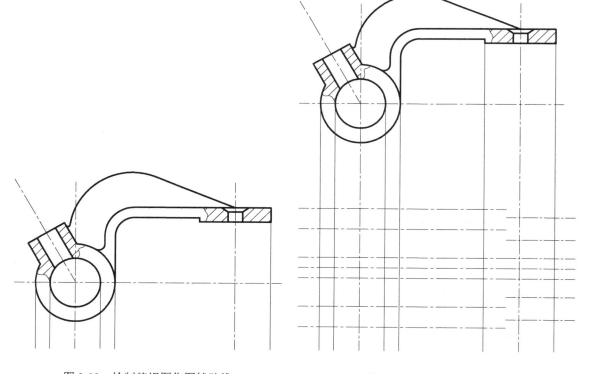

图 2-33　绘制俯视图作图辅助线　　　　　　图 2-34　偏移水平中心线

（14）单击"直线"命令，连接相关线段并修剪删除多余线段和作图辅助线。单击"样条曲线"命令，绘制圆柱的局部剖波浪线，如图 2-35 所示。

（15）单击"倒圆角"命令，连接相关线段，选择倒圆角两直线，倒半径为 3mm 的圆角，如图 2-36 所示。

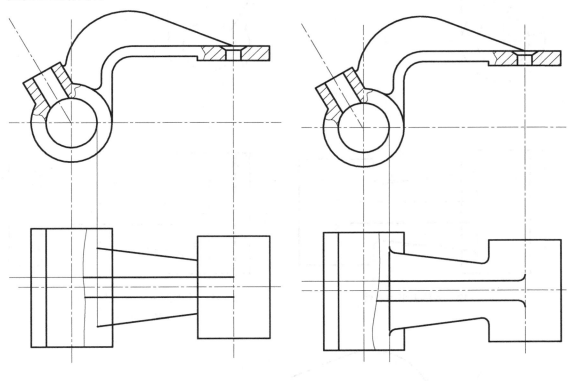

图 2-35　修剪并删除多余线段　　　　　　　　图 2-36　倒圆角

（16）切换图层，单击"偏移"命令，将水平中心线上、下各偏移 16mm 确定阶梯孔圆心，如图 2-37 所示。

（17）单击画圆命令，绘制 ϕ13mm、ϕ7mm 阶梯孔圆。单击图案填充，设置填充样式，填充圆柱局部剖实体部分剖面线，如图 2-38 所示。

（18）切换图层，单击"直线"命令，绘制 A 向视图水平中心线、竖直中心线。单击"偏移"命令，将水平中心线上、下各偏移 22.5mm、12.5mm，将竖直中心线向左偏移 10mm，如图 2-39 所示。

（19）单击"直线"命令，连接相关线段。单击"圆"命令，绘制 R10mm 圆及外公切线。单击"样条曲线"命令，绘制 A 向视图断开波浪线，如图 2-40 所示。

（20）单击"直线"命令，绘制 A 向视图支撑板部分线段。单击"修剪"命令，修剪并删除多余线段。单击"圆"命令，绘制 M10 螺纹孔并修剪大径四分之一圆弧，如图 2-41 所示。

（21）插入图框、标题栏。修改尺寸标注样式，使用线性标注、对齐标注、半径标注、直径标注、角度标注完成尺寸标注和表面粗糙度标注，如图 2-42 所示。

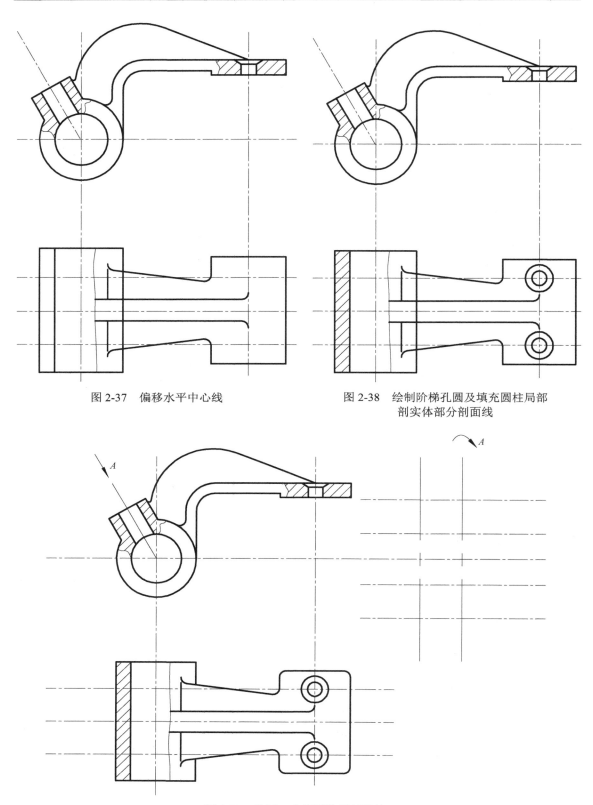

图 2-37　偏移水平中心线　　　　　　　图 2-38　绘制阶梯孔圆及填充圆柱局部
　　　　　　　　　　　　　　　　　　　　　　　剖实体部分剖面线

图 2-39　绘制 A 向视图作图辅助线

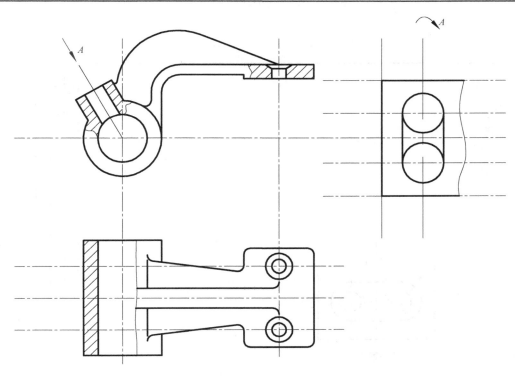

图 2-40　绘制圆、外公切线及断开波浪线

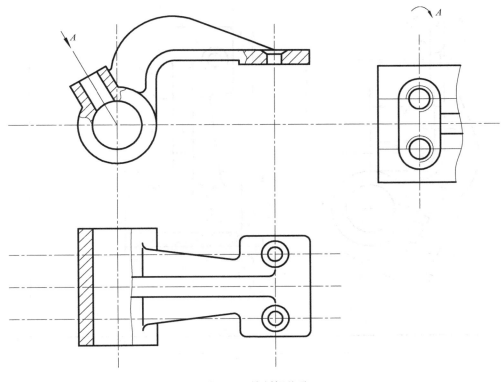

图 2-41　绘制螺纹孔

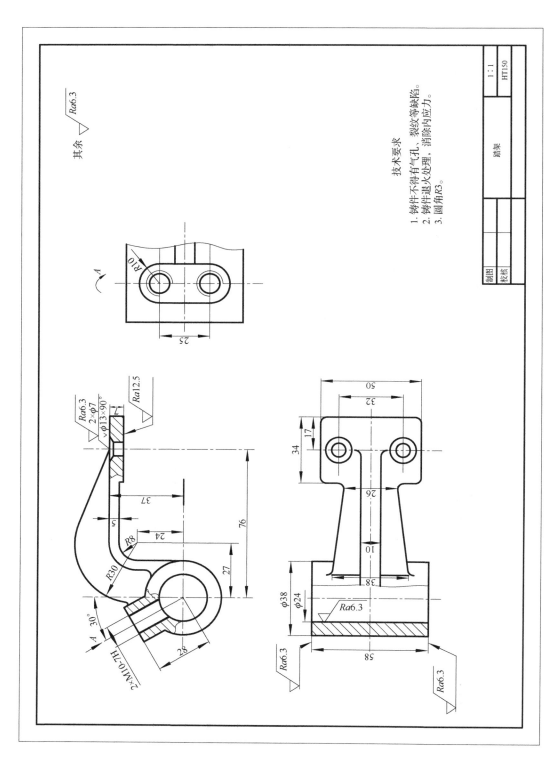

图 2-42　尺寸标注

2.4　箱体类零件图的绘制

　　箱体类零件是机械部件的基础零件，它的功能是将轴套、齿轮等有关零件组装成一个整体，并使其保持正确的相互位置，且按照一定的传动关系协调地传递运动或动力。它通常由阀体、泵体、减速器箱体等部分构成。箱体类零件具有更复杂的形状和结构，而且加工位置变化更多，加工难度也较大。选择主视图要考虑工作位置和形状特征，选用其他视图则应根据实际情况采用适当的剖视图、断面图、局部视图和斜视图等多种辅助视图，以便清晰地表达零件的内外结构。在标注尺寸方面，通常选用设计上要求的轴线、重要的安装面、接触面（或加工面）、箱体某些主要结构的对称面（宽度、长度）等作为尺寸基准。对于箱体上需要切削加工的部分，应尽可能按便于加工和检验的要求来标注尺寸。本节绘制的泵体零件主要包括泵壳、泵轴、弯管、底座等，如图 2-43 所示。

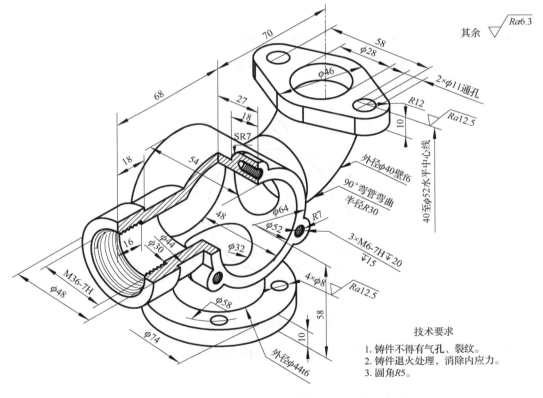

图 2-43　泵体零件

　　本节绘制泵体零件图，练习使用"偏移""阵列""修剪""样条曲线""图案填充"等命令绘制泵体零件图，掌握零件图尺寸及表面粗糙度的标注，绘图过程如下。

　　（1）设置中心线、轮廓线、尺寸标注图层。单击"直线"命令，绘制水平中心线、竖直中心线。单击"圆"命令，以水平中心线、竖直中心线的交点为圆心绘制 $\phi52\text{mm}$、$\phi64\text{mm}$ 同心圆，如图 2-44 所示。

（2）单击"圆"命令，以 ϕ64mm 圆和竖直中心线的交点为圆心，绘制 M6 的螺纹孔和 R7mm 的圆。单击"修剪"命令，修剪多余圆弧，如图 2-45 所示。

（3）单击"阵列"命令，选择环形阵列，将 R7mm 圆弧和 M6 螺纹孔沿圆周方向环形阵列 3 个。单击"修剪"命令，修剪多余圆弧，如图 2-46 所示。

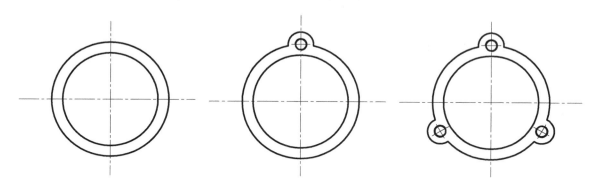

图 2-44　绘制中心线及同心圆　　　　图 2-45　绘制螺纹孔　　　　图 2-46　阵列螺纹孔

（4）单击"偏移"命令，将水平中心线上、下各偏移 24mm、22mm、18mm、15mm，如图 2-47 所示。

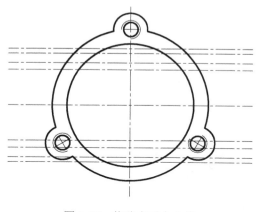

图 2-47　偏移水平中心线

（5）单击"偏移"命令，将竖直中心线向左偏移 68mm、66mm、52mm、50mm，如图 2-48 所示。

（6）单击"直线"命令，连接相关线段。单击"修剪"及"倒角"命令，修剪删除多余线段并倒 2mm 斜角，如图 2-49 所示。

（7）单击"偏移"命令，将水平中心线向下偏移 58mm、48mm，将竖直中心线左、右各偏移 16mm、22mm、37mm，如图 2-50 所示。

（8）单击"直线"命令，连接相关线段，绘制 ϕ8mm 圆孔轮廓。单击"修剪""倒圆角"命令，修剪删除多余线段并倒半径为 5mm 的圆角，如图 2-51 所示。

（9）单击"偏移"命令，将竖直中心线向右偏移 70mm，水平中心线向上偏移 20mm、30mm、40mm，向下偏移 20mm。单击"圆弧"命令，绘制 $R30$mm 圆弧，如图 2-52 所示。

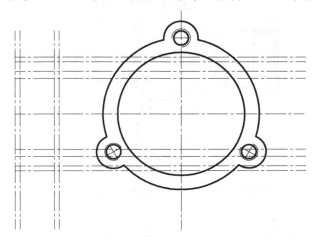

图 2-48　偏移竖直中心线

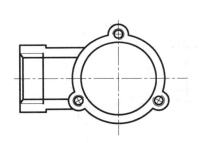

图 2-49　连接并修剪多余线段

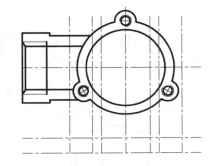

图 2-50　绘制底座辅助线

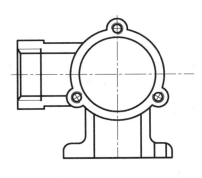

图 2-51　绘制底座

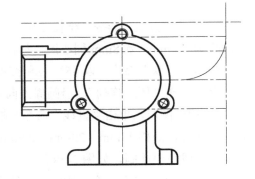

图 2-52　绘制辅助线和 $R30$mm 圆弧

（10）单击"偏移"命令，将 $R30$mm 的圆弧向上、向下各偏移 14mm、20mm。单击"直线"命令，连接相关线段、圆弧，如图 2-53 所示。

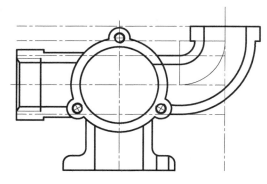

图 2-53　偏移圆弧并连接

（11）切换图层，单击"删除"命令，删除多余辅助线。单击"样条曲线"命令，绘制局部剖波浪线，如图 2-54 所示。

（12）单击"修剪"命令，修剪多余线段。单击"图案填充"命令，设置填充样式，将主视图实体部分填充剖面线，如图 2-55 所示。

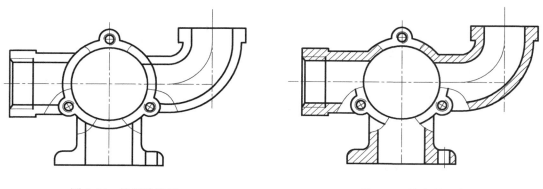

图 2-54　绘制波浪线　　　　　　　　　　　　　图 2-55　填充剖面线

（13）单击"直线"命令，绘制 A 向视图水平中心线、竖直中心线。切换图层，单击"圆"命令，绘制 ϕ74mm、ϕ58mm 同心圆，如图 2-56 所示。

（14）单击"圆"命令，以 45° 线和 ϕ58mm 圆的交点为圆心绘制 ϕ8mm 的圆孔。单击"阵列"命令，选择"环形阵列"，沿圆周方向环形阵列 4 个圆孔，如图 2-57 所示。

（15）切换图层，单击"直线"命令，按照投影对应关系绘制左视图中心线，将竖直中心线向左、向右各偏移 37mm、29mm、22mm、16mm，将水平中心线向下偏移 58mm、48mm，连接线段完成底座绘制，如图 2-58 所示。

（16）单击"删除"命令，删除左视图多余辅助线。单击"偏移"命令，将竖直中心线向左偏移 21mm、27mm，向右偏移 27mm，按照投影对应关系连接线段并绘制圆柱孔及圆弧，如图 2-59 所示。

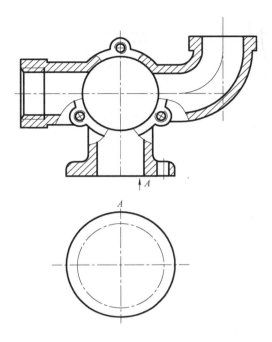

图 2-56　绘制 A 向视图中心线及同心圆

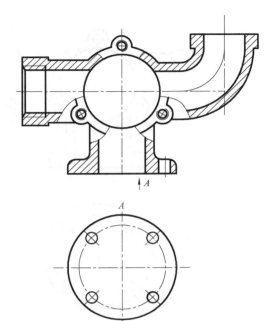

图 2-57　阵列圆孔

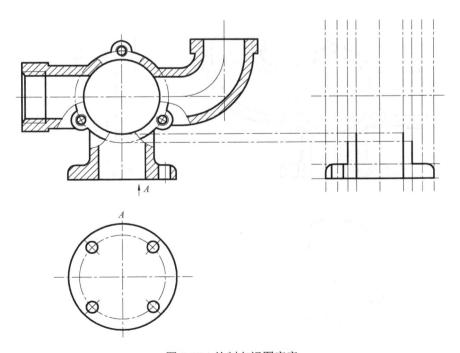

图 2-58　绘制左视图底座

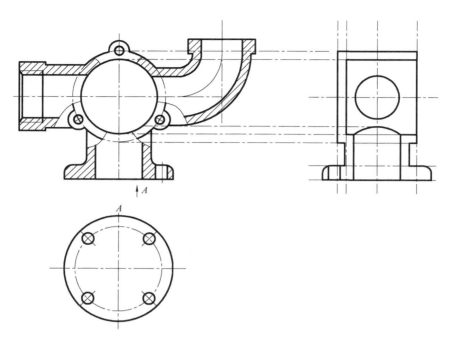

图 2-59　绘制左视图圆柱孔

（17）单击"偏移"命令，将竖直中心线左、右各偏移 41mm。单击"直线"命令，按照投影对应关系绘制高度为 10mm 的顶板，如图 2-60 所示。

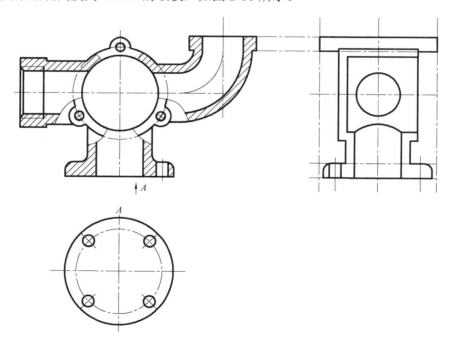

图 2-60　绘制左视图顶板

（18）单击"直线"命令，绘制顶板左侧 ϕ11mm 通孔和右侧 M6 螺纹孔。单击"样条曲线"命令，绘制通孔和螺纹孔断裂波浪线，如图 2-61 所示。

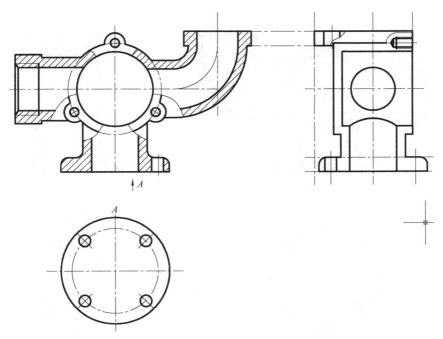

图 2-61　绘制顶板通孔和螺纹孔

（19）单击"图案填充"命令，设置填充样式，在左视图实体部分填充剖面线。单击"删除"命令，删除多余线段完成左视图绘制，如图 2-62 所示。

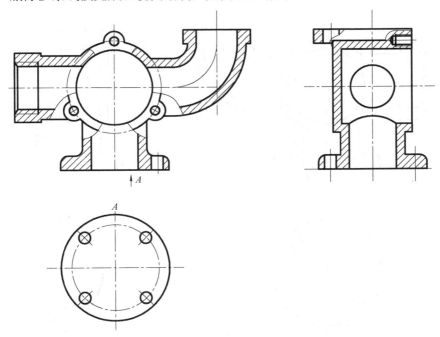

图 2-62　填充剖面线并删除多余线段

（20）单击"直线"命令，绘制 B 向视图定位中心线。单击"偏移"命令，将水平中心线上、下各偏移 29mm。单击"圆"命令，绘制 $\phi46mm$、$\phi28mm$、$\phi24mm$、$\phi11mm$ 圆并作外公切线，如图 2-63 所示。

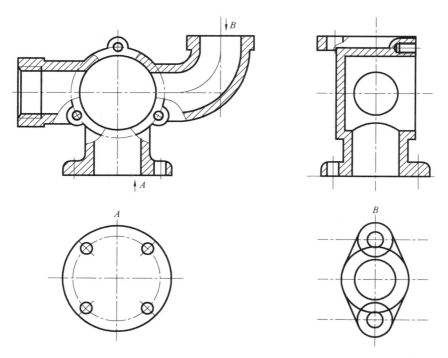

图 2-63　绘制 B 向视图

（21）单击"修剪"命令，修剪多余圆弧，完成 B 向视图绘制，如图 2-64 所示。

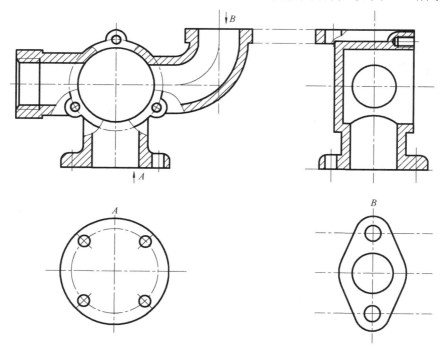

图 2-64　修剪多余线段完成 B 向视图绘制

（22）插入图框、标题栏。修改尺寸标注样式，使用"线性标注""半径标注""直径标注"完成泵体尺寸及表面粗糙度的标注，如图 2-65 所示。

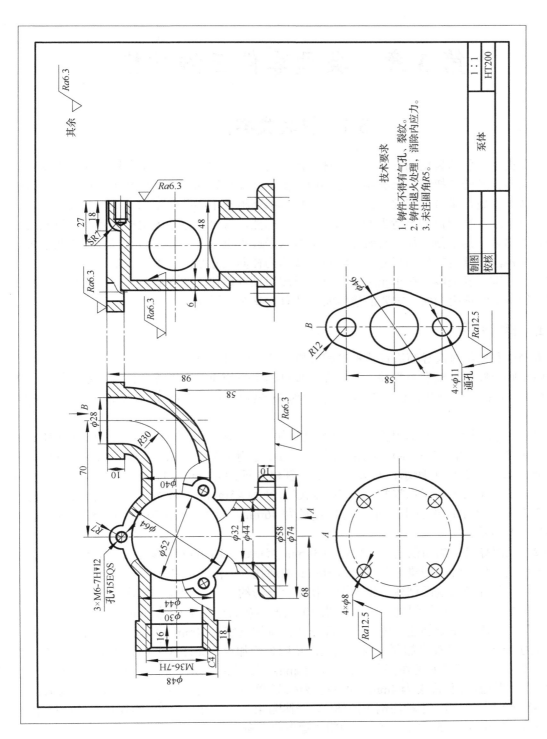

图 2-65 标注尺寸

第3章 典型零件三维建模

3.1 轴套类零件

　　轴套类零件包括齿轮轴、套筒、套杯、阀导筒等。其中轴类零件主要用于支承齿轮、带轮等传动零件及传递扭矩，套类零件主要用于支承及保护转动零件。轴套类零件一般由共轴线的回转体组成，常带有螺纹、键槽、退刀槽、挡圈槽及中心孔等结构。在视图表达时，只要画出一个基本视图再加上适当的断面图和尺寸标注，就可以把它的主要形状特征以及局部结构表达出来。为了便于加工时看图，一般按水平放置进行投射，最好选择轴线为侧垂线的位置。在标注轴套类零件的尺寸时，常以轴线作为径向尺寸基准。这样就把设计基准和加工时的工艺基准（轴类零件在车床上加工时，两端用顶针顶住轴的中心孔）统一起来了。而长度方向的基准常选用端面、重要的接触面（轴肩）或加工面等。

3.1.1 阀导筒

阀导筒建模

　　本例中我们将对阀导筒进行建模过程分析，其零件图如图 3-1 所示。

　　由于阀导筒属于轴套类零件，可以在建模过程中先创建一个圆柱体作为其本体特征，单击该特征，修改参数使其直径为 55mm、长度为 68.5mm，并调整为标准轴测图方向，如图 3-2 所示。

　　（1）创建完本体特征后，继续创建一个圆柱体，单击该特征，修改参数使其直径为 58mm、长度为 41.5mm，如图 3-3（a）所示；重复上一步，创建直径为 84mm、长度为 10mm 的圆柱体特征，如图 3-3（b）所示；重复上一步，创建直径为 47mm、长度为 33.5mm 的圆柱体特征，如图 3-3（c）所示；重复上一步，创建直径为 45mm、长度为 67mm 的圆柱体特征，如图 3-3（d）所示；重复上一步，创建直径为 46mm、长度为 36.5mm 的圆柱体特征，如图 3-3（e）所示。

　　（2）在阀导筒左端面创建一个直径为 38mm、深度为 100mm 的圆柱孔，如图 3-4（a）所示；重复上一步，继续创建一个直径为 30mm 的通孔，如图 3-4（b）所示。

　　（3）在阀导筒右端面创建二维草图，使用"投影约束"命令提取阀导筒右端面外圆轮廓作为草图主体，完成草图创建。将该草图沿轴线方向从右至左平移 11.5mm，然后使用"拉伸切除"与"加厚"命令创建右侧第一个环形槽，拉伸高度为 4mm，加厚类型选择"单向"，数值改为 2mm，注意观察加厚方向，默认向草图外侧加厚，如图 3-5（a）所示；选择上一步创建的环形槽，进行平移复制操作，距离为 16mm，如图 3-5（b）所示。重复以上过程，创建剩余两个环形槽，拉伸高度为 4mm，加厚类型选择"单向"，数值改为 2mm，平移距离为 16mm，如图 3-5（c）所示。图中未标注倒角的部位，一律为 45° 倒直角，需要结合图中尺寸自行计算，由左向右，依次为 C1.5、C1、C0.5，使用"边倒角"命令分别创建，如图 3-5（d）所示。

　　（4）按图示要求使用"边倒角"命令做出阀导筒剩余倒角特征，倒角距离为 2mm，最终效果如图 3-6 所示。

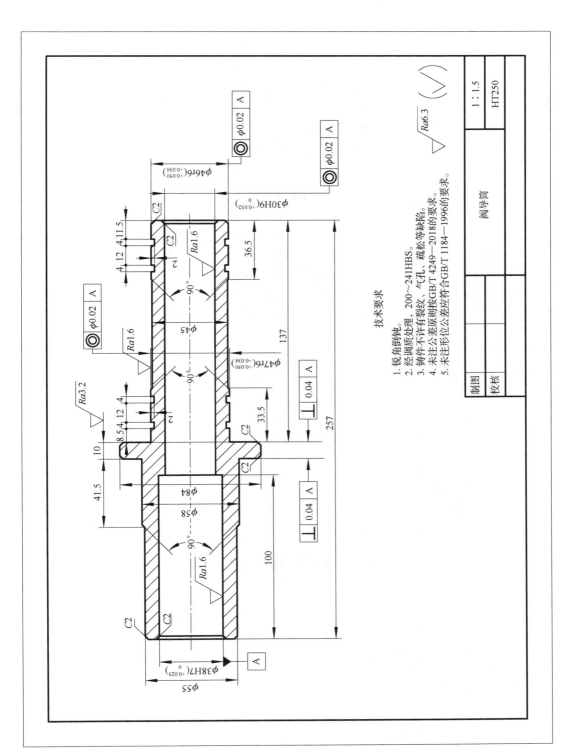

图 3-1 阀导筒零件图

图 3-2　阀导筒本体特征

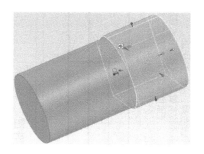  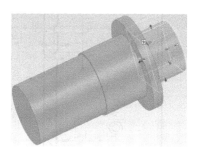

(a)φ58mm圆柱体特征　　　　　　(b)φ84mm圆柱体特征　　　　　　(c)φ47mm圆柱体特征

(d)φ45mm圆柱体特征　　　　　　(e)φ45mm圆柱体特征

图 3-3　阀导筒外部特征创建

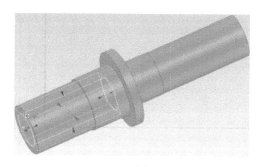 

(a)φ38mm圆柱孔特征　　　　　　　　(b)φ30mm圆柱通孔特征

图 3-4　阀导筒内部孔特征创建

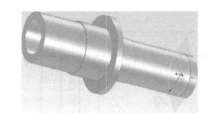

(a) 右侧第一个环形槽   (b) 右侧第二个环形槽

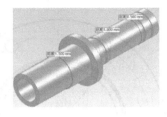

(c) 剩余两个环形槽   (d) 三个未标注的倒角

图 3-5 创建环形槽与倒角

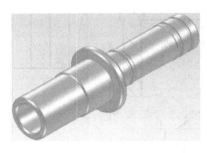
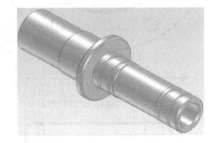

图 3-6 阀导筒最终效果图

3.1.2 套杯

套杯建模

本例中我们将对套杯进行建模过程分析，其零件图如图 3-7 所示。

由于套杯属于轴套类零件，可以在建模过程中先创建由两个圆柱体组成的本体特征，修改参数使其直径分别为 180mm、130mm，长度分别为 10mm、150mm，并调整为标准轴测图方向，如图 3-8 所示。

（1）在套杯左端面创建一个直径为 110mm、深度为 150mm 的圆柱孔，如图 3-9（a）所示；重复上一步，继续创建一个直径为 100mm 的通孔，如图 3-9（b）所示。

（2）在套杯本体特征中大圆柱右端面创建二维草图，使用"投影约束"命令提取套杯本体特征中小圆柱的外圆轮廓作为草图主体完成草图创建并使该草图处于选中状态，使用"拉伸切除"与"加厚"命令创建左侧第一个环形槽，拉伸高度为 3mm，加厚类型选择"单向"，数值改为 1，注意观察加厚方向，默认向草图外侧加厚，如图 3-10（a）所示；重复上一步，在 ϕ110mm 圆孔内部靠近 ϕ100mm 圆孔的端面处，创建右侧第一个环形槽，拉伸高度为 3mm，加厚类型选择"单向"，数值改为 1，如图 3-10（b）所示。

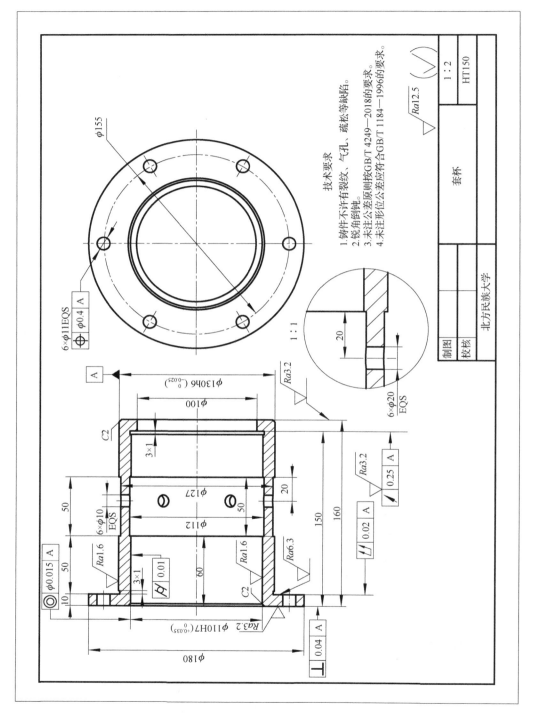

图 3-7　套杯零件图

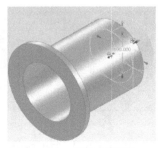

(a)φ110mm圆柱孔特征

(b)φ100mm圆柱通孔特征

图 3-8　套杯本体特征　　　　　　　图 3-9　套杯孔特征创建

(a)左侧第一个环形槽

(b)右侧第一个环形槽

图 3-10　创建套杯左、右两个环形槽

（3）创建如图 3-11（a）所示的二维草图，约束全部尺寸后，以套杯轴线作为"旋转轴"，完成草图创建，使用"旋转切除"命令创建套杯内、外两个环形槽，如图 3-11（b）所示。

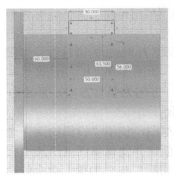

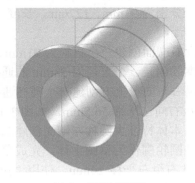

(a)旋转切除特征草图

(b)内、外两个环形槽

图 3-11　创建套杯中部内、外两个环形槽

（4）在套杯左端面最下方创建一个圆柱通孔，直径为 11mm，然后将圆孔沿 Z 轴向正上方平移至 φ155mm 的定位圆上，如图 3-12（a）所示；选中该孔，使用"圆形阵列"创建剩余 5 个孔，如图 3-12（b）所示；重复上一步，继续创建中间环形槽上的 6 个直径为 10mm 的圆柱孔，如图 3-12（c）所示。

(a) 创建左端面第一个φ11mm孔

(b) 创建左端面剩余5个φ11mm孔

(c) 创建中间环形槽上6个φ10mm孔

图 3-12　创建套杯左端与中部的孔特征

（5）参考图纸使用"边倒角"命令做出套杯左端内圆与右端外圆两处倒角特征，倒角距离均为 2mm，套杯最终效果如图 3-13 所示。

图 3-13　套杯最终效果图

3.1.3　套筒

本例中我们将对套筒进行建模过程分析，其零件图如图 3-14 所示。

由于套筒属于轴套类零件，可以在建模过程中先创建由两个圆柱体组成的本体特征，修改参数使其直径分别为 91mm、127mm，长度分别为 263mm、19mm，并调整为标准轴测图方向，如图 3-15 所示。

（1）在套筒右端面创建一个直径为 91mm、深度为 8mm 的圆柱孔，如图 3-16（a）所示；重复上一步，继续创建一个直径为 58mm 的通孔，如图 3-16（b）所示。

（2）在套筒右端面最上方创建一个圆柱通孔，方向为竖直方向，直径为 8mm，然后将圆孔沿 X 轴方向从右向左平移 56.5mm，如图 3-17 所示。

（3）在套筒本体特征大圆柱左端面创建二维草图，使用"投影约束"命令提取套筒本体特征小圆柱的外圆轮廓作为草图主体，完成草图创建并使该草图处于选中状态，然后将该草图沿 X 轴方向从右至左平移 14mm，使用"拉伸切除"与"加厚"命令创建右侧环形槽，拉伸高度为 47mm，加厚类型选择"单向"，数值改为 4.5，注意观察加厚方向，默认向草图外侧加厚，如图 3-18 所示。

（4）在套筒右端面创建二维草图，使用"投影约束"命令提取套筒本体特征中φ58mm 圆柱孔的轮廓，完成草图创建并使该草图处于选中状态，然后将该草图沿 X 轴方向从右向左平移 136mm，使用"拉伸切除"与"加厚"命令创建套筒内部环形槽，拉伸方向选择"中性面"，高度为 19mm，加厚类型选择"单向"，数值改为 8.5，注意观察加厚方向，默认向草图外侧加厚，如图 3-19 所示。

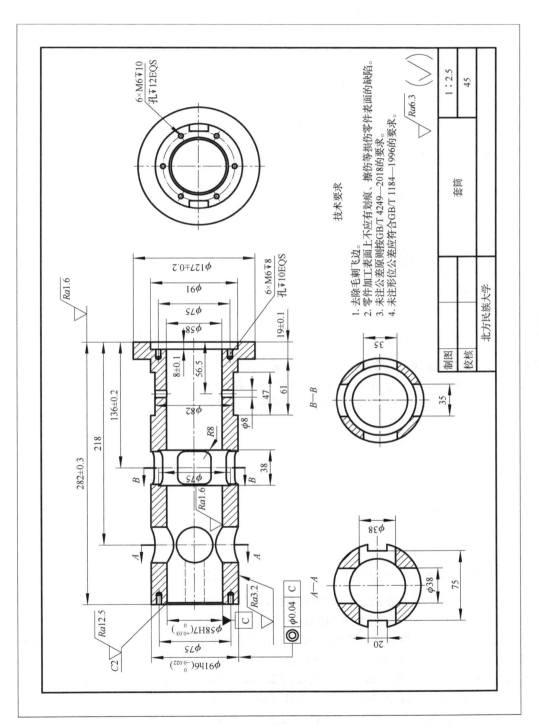

图 3-14　套筒零件图

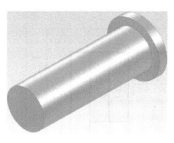

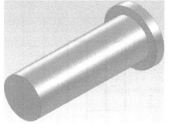

(a)φ91mm圆柱孔特征　　　　　　　　　　　　(a)φ58mm圆柱通孔特征

图 3-15　套筒本体特征　　　　　　　　　　图 3-16　创建套筒内部孔特征

图 3-17　创建套筒右侧φ8mm 的通孔　　　　图 3-18　创建套筒右侧环形槽

（5）在套筒右端面最上方创建一个正方形槽（简称"方槽"），深度值任意，打穿套筒上部即可，方向为竖直方向，边长为 35mm，然后将该方槽沿 X 轴方向从右向左平移 136mm，使用"圆角过渡"命令对方槽的 4 个直角边倒圆角，圆角半径为 8mm，如图 3-20 所示。

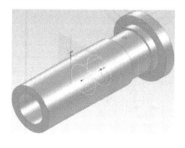

图 3-19　创建套筒内部环形槽　　　　　　　图 3-20　创建第一个倒圆角方槽

（6）在套筒右端面最上方创建一个圆形通孔，方向为竖直方向，直径为 38mm，然后将该圆形通孔沿 X 轴方向从右向左平移 218mm，如图 3-21 所示。

（7）对第（5）、（6）步创建的方槽与圆孔进行"圆形阵列"操作，角度为 90°，数量为 4，在对方槽进行阵列时，须同时在"设计环境"中选中"方槽"和"圆角"，如图 3-22 所示。

（8）创建断面图 A—A 中的长方槽，高度为 20mm，槽底部到套筒轴线的距离为 37.5mm，长度任意，穿透φ38mm 圆孔的左侧即可，创建完成后，对其进行镜像操作，如图 3-23 所示。

（9）在套筒左端面最上方创建一个圆柱光孔，直径为 6mm×0.85（此处绘制的是螺纹孔的小径，大径为 6mm），深度为 12mm，选择 V 形底部，角度为 118°，添加"修饰螺纹"，标准为 GB，尺寸为 M6×1mm，长度为 10mm，将该螺纹孔沿 Z 轴向正下方平移至φ75mm 定位圆上，如图 3-24 所示。

图 3-21　创建套筒左侧第一个圆柱通孔

图 3-22　阵列圆孔、方槽与圆角

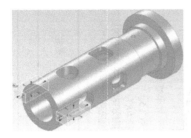

图 3-23　创建前后对称的长方槽

图 3-24　创建套筒左端面第一个螺纹孔

（10）选中第（9）步创建的 M6 螺纹孔，使用"圆形阵列"，角度为 60°，数量为 6，重复上一步，完成套筒右端面 6 个 M6 螺纹孔的创建。参考图纸使用"边倒角"命令做出套筒左端内圆倒角特征，倒角距离为 2mm，套筒最终效果如图 3-25 所示。

图 3-25　套筒最终效果图

3.2　轮盘类零件

轮盘类零件包括手轮、齿轮、皮带轮、端盖等，一般通过销、键连接来传递扭矩，或起支承、定位、密封等作用。绘制轮盘类零件时，主视图多为竖直放置，就像家里的餐盘竖起来画一样，一般只需要画 1 个或 2 个视图。

3.2.1　带轮

带轮建模

本例中将对带轮中最常见的 V 带轮进行建模过程分析。V 带轮结构由轮缘、轮辐和轮毂组成；根据轮辐结构分为实心式带轮、辐板式带轮、孔板式带轮、轮辐式带轮四种；V 带轮常用材料为灰铸铁、钢、铝合金或工程塑料等，其中以灰铸铁应用最广。本例中的 V 带轮是辐板式带轮，其零件图如图 3-26 所示。

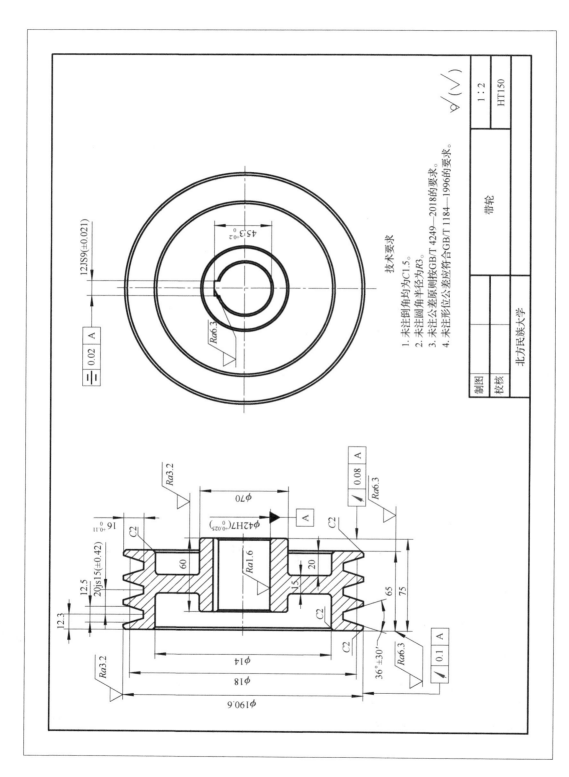

图 3-26　带轮零件图

由于带轮属于轮盘类零件，可以在建模过程中先创建一个圆柱体作为其本体特征，修改参数使其直径为 190.6mm、长度为 65mm，并调整为标准轴测图方向，如图 3-27 所示。

（1）创建二维草图，绘制左侧第一个楔形增压槽，使槽中线距离带轮左端面为 12.3mm，节宽为 12.5mm，节宽到带轮轴线的距离为 90mm，槽底部距离上边界为 16mm，指定带轮轴线为"旋转轴"，完成草图创建；使用"旋转切除"命令做出 1 个槽，然后沿带轮轴线方向复制剩余的 2 个槽，距离为 20mm，如图 3-28 所示。

（2）在带轮左端面创建一个直径为 140mm、深度为 30mm 的圆柱孔，形成带轮左侧辐板，如图 3-29（a）所示；在带轮左侧辐板创建一个直径为 70mm、长度为 15mm 的圆柱体，形成带轮左侧轮毂，如图 3-29（b）所示。

图 3-27　带轮本体特征

图 3-28　带轮楔形槽旋转切除特征

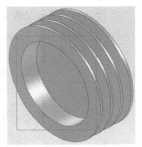

（a）创建带轮左侧辐板

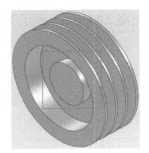

（b）创建带轮左侧轮毂

图 3-29　创建带轮左侧特征

（3）在带轮右端面创建一个直径为 140mm、深度为 20mm 的圆柱孔，形成带轮右侧辐板，如图 3-30（a）所示；在带轮右侧辐板创建一个直径为 70mm、长度为 30mm 的圆柱体，形成带轮右侧轮毂，如图 3-30（b）所示。

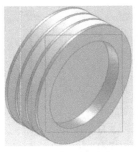

（a）创建带轮右侧辐板

（b）创建带轮右侧轮毂

图 3-30　创建带轮右侧特征

（4）在带轮轮毂任意端面创建出一个直径为 42mm 的圆柱通孔，如图 3-31（a）所示；在带轮轮毂ϕ42mm 通孔上方创建一个键槽，槽宽为 12mm，槽底部距ϕ42mm 通孔下象限点为 45.3mm，如图 3-31（b）所示。

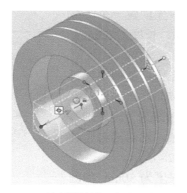

(a) 创建带轮轮毂中间的通孔　　　　　　　(b) 创建带轮轮毂上的键槽

图 3-31　创建带轮轮毂中间的通孔与键槽

（5）使用"边倒角"和"圆角过渡"命令做出带轮剩余倒角特征，图中"距离 1.500mm""距离 2.000mm"表示倒直角，"半径 3.000mm"表示倒圆角，如图 3-32 所示。

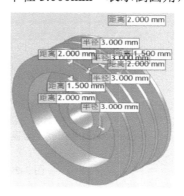

图 3-32　创建带轮所有倒角

（6）带轮最终效果如图 3-33 所示。

图 3-33　带轮最终效果图

3.2.2　端盖

本例中我们将对端盖中比较常见的闷盖进行建模过程分析，其零件图如图 3-34 所示。

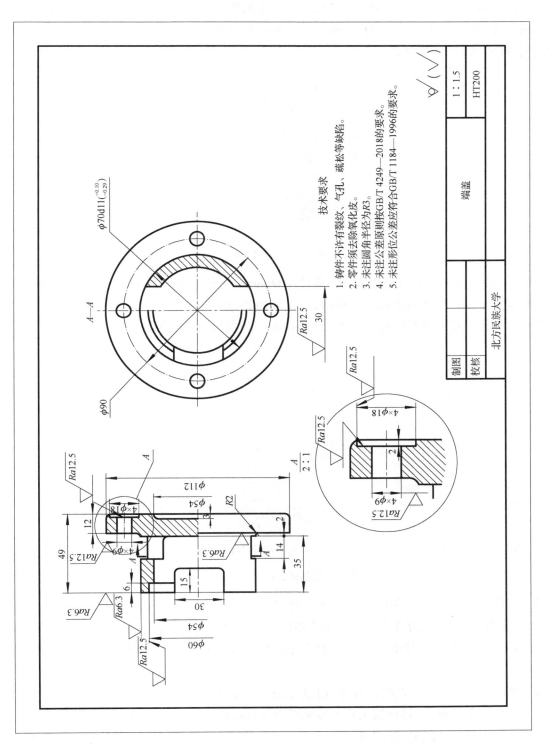

图 3-34　端盖零件图

由于端盖属于轮盘类零件，可以在建模过程中先创建由两个圆柱体组成的端盖本体特征，修改两圆柱体参数使其直径分别为 70mm、112mm，长度分别为 37mm、12mm，并调整为标准轴测图方向，如图 3-35 所示。

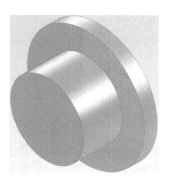

图 3-35　端盖本体特征

（1）在端盖左端面中心点处创建一个直径为 60mm、深度为 6mm 的圆柱孔，如图 3-36（a）所示；重复上一步，继续创建直径为 54mm、深度为 29mm 的圆柱孔，如图 3-36（b）所示；重复上一步，在端盖右端面继续创建直径为 54mm、深度为 3mm 的圆柱孔，如图 3-36（c）所示。

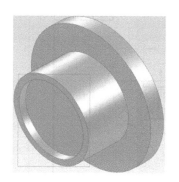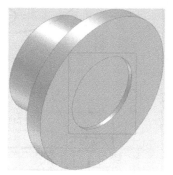

(a) 创建左端面φ60mm的圆柱孔　　　(b) 创建左端面φ54mm的圆柱孔　　　(c) 创建右端面φ54mm的圆柱孔

图 3-36　创建端盖内部孔特征

（2）在端盖左侧正上方创建一个上下贯通的长方形孔特征（简称"长方孔"），长度为 14mm，宽度为 30mm，长方孔右边界距端盖本体特征大圆柱体左端面为 2mm，如图 3-37（a）所示；继续在端盖左前方创建出前后贯通的长方孔，高度为 30mm，长度为 15mm，如图 3-37（b）所示。

（3）使用"自定义孔"在端盖右端面上方创建一个沉头通孔，直径为 9mm，沉头深度为 2mm，沉头直径为 18mm，将该沉头孔平移至直径为 90mm 的定位圆上，如图 3-38（a）所示；选中该沉头孔，使用"圆形阵列"创建剩余沉头孔，设置角度为 90°，数量为 4，如图 3-38（b）所示。

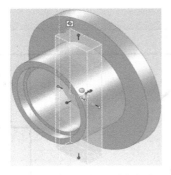

(a) 创建端盖上下贯通的长方孔　　　　　(b) 创建端盖前后贯通的长方孔

图 3-37　创建端盖上下与前后贯通的长方孔

(a) 创建端盖右端面上方的沉头孔　　　　(b) 阵列剩余沉头孔

图 3-38　创建端盖右端面 4 个沉头孔

（4）参考图纸，使用"圆角过渡"命令创建所有圆角，图中标注的圆角为 $R2\text{mm}$，未标注圆角为 $R3\text{mm}$，端盖最终效果如图 3-39 所示。

图 3-39　端盖最终效果图

3.2.3　体盖

体盖建模

本例中我们将对体盖进行建模过程分析，其常用材料为灰铸铁，零件图如图 3-40 所示。

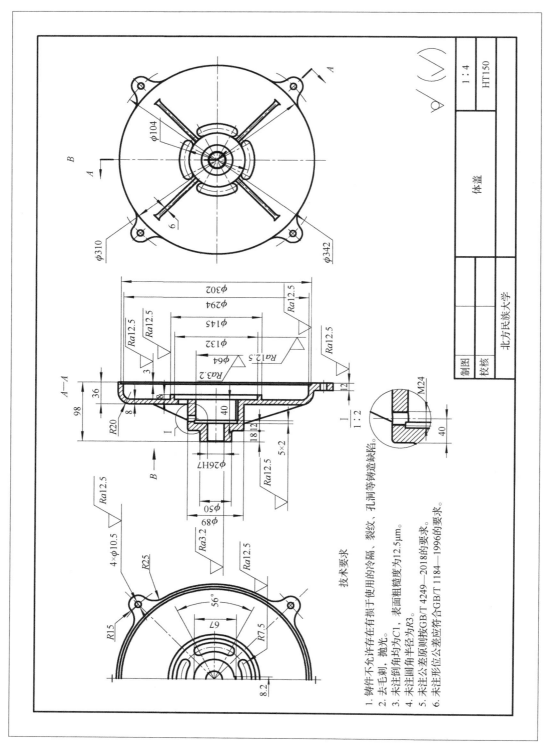

技术要求

1. 铸件不允许存在有损于使用的冷隔、裂纹、孔洞等铸造缺陷。
2. 去毛刺、抛光。
3. 未注倒角均为C1，表面粗糙度为12.5μm。
4. 未注圆角半径为R3。
5. 未注公差原则按GB/T 4249—2018的要求。
6. 未注形位公差应符合GB/T 1184—1996的要求。

图 3-40　体盖零件图

由于体盖属于轮盘类零件，在建模过程中可以先创建一个圆柱体作为其本体特征，修改参数使其直径为 310mm、长度为 36mm，并调整为标准轴测图方向，如图 3-41 所示。

（1）创建完本体特征后，使用"圆角过渡"命令对左端面倒圆角，半径为 20mm，如图 3-42（a）所示；使用"抽壳"命令，左键点选右端面为"开放面"，厚度为 8mm，如图 3-42（b）所示；在右端面底部创建一圆柱体，直径为 145mm、长度为 8mm，如图 3-42（c）所示；重复上一步，在左端面创建一圆柱体，直径为 89mm、长度为 44mm，如图 3-42（d）所示；重复上一步，在左端面圆柱体上继续创建一小圆柱体，直径为 50mm、长度为 18mm，如图 3-42（e）所示。

图 3-41　体盖本体特征

（2）在体盖右端面上创建一圆柱孔，直径为 302mm、深度为 3mm，如图 3-43（a）所示；重复上一步，在体盖右侧圆柱体端面创建一圆柱孔，直径为 132mm、深度为 8mm，如图 3-43（b）所示；重复上一步，在体盖右侧圆柱孔底面创建一圆柱孔，直径为 64mm、深度为 40mm，如图 3-43（c）所示；重复上一步，在体盖左侧圆柱端面创建一圆柱通孔，直径为 26mm，如图 3-43（d）所示。

（3）在体盖右侧φ64mm 圆柱孔底面创建二维草图，使用"投影约束"拾取φ64mm 圆柱孔的轮廓后完成草图创建，如图 3-44（a）所示；选择上一步创建的草图，使用"拉伸切除"命令，高度为 5mm，加厚类型选择"单向"，数值为 2，创建 5mm×2mm 环形槽，如图 3-44（b）所示。

（a）左端面倒圆角R20mm　　　　（b）在右端面使用"抽壳"命令　　　（c）创建右端面φ145mm的圆柱体

（d）创建左端面φ89mm的圆柱体　　　　（e）创建φ50mm的圆柱体

图 3-42　使用抽壳、拉伸创建体盖外部特征

(a) 创建右端面φ302mm的圆柱孔

(b) 创建φ132mm的圆柱孔

(c) 创建φ64mm的圆柱孔

(c) 创建φ26mm的圆柱通孔

图 3-43   创建体盖孔特征

(a) 创建φ64mm的圆环草图

(b) 创建5mm×2mm环形槽

图 3-44   创建环形槽

（4）创建二维草图，绘制一直线，使该直线右侧与 *R*20mm 的圆弧相切，左侧与圆柱体轮廓相交，约束尺寸为 32mm，如图 3-45（a）所示；使用"筋板"命令，选取上一步创建的草图，单击体盖三维模型后，选择"双侧""平行于草图"，厚度值为 6mm，创建一个筋板特征，如图 3-45（b）所示；然后使用"圆形阵列"创建剩余 3 个筋板，如图 3-45（c）所示。

（5）使用"拉伸切除"命令，创建 1 个卵形槽，卵形槽的草图尺寸为：内圆半径为 44.5mm，外圆半径为 59.5mm，圆角半径为 7.5mm，圆心角为 56°，如图 3-46（a）所示；使用"圆形阵列"命令，创建剩余 3 个卵形槽，如图 3-46（b）所示。

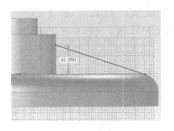
(a)创建筋板草图

(b)创建一个筋板特征

(c)阵列生成4个筋板特征

图 3-45　创建体盖 4 个筋板特征

(a)创建1个卵形槽

(b)阵列生成4个卵形槽

图 3-46　创建体盖 4 个卵形槽

（6）使用"自定义孔"创建 M12 的螺纹孔，孔内径为 10.2mm，孔深度为 40mm，打通即可，选择类型"M12×1.75"，创建完毕后平移该螺纹孔，使孔轴线距离左端面为 20mm，如图 3-47（a）所示；在体盖右侧φ64mm 孔端面正下方创建一个键槽，宽度为 8.2mm，长度为 35mm，如图 3-47（b）所示。

(a)创建M12螺纹孔

(b)创建宽度为8.2mm、长度为35mm的键槽

图 3-47　创建螺纹孔与键槽

（7）在体盖右端面上创建二维草图，绘制耳板外轮廓后，使用"拉伸"命令创建一个耳板，拉伸高度为 12mm，如图 3-48（a）所示；点选上一步创建的耳板，使用"圆形阵列"命令创建剩余 3 个耳板，如图 3-48（b）所示。

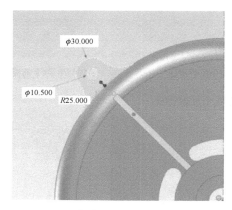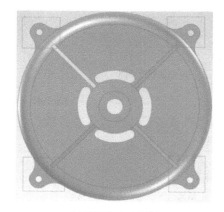

(a) 创建1个耳板拉伸特征　　　　　　　　　　　(b) 阵列生成4个耳板

图 3-48　创建体盖 4 个耳板

（8）体盖最终效果如图 3-49 所示。

图 3-49　体盖最终效果图

3.3　叉架类零件

叉架类零件包含拨叉、连杆、支架等零件。由于它们的加工位置多变，在选择主视图时，主要考虑自然位置和形状特征。对于其他视图的选择，常常需要两个或两个以上的基本视图，并且还要用适当的局部视图、断面图等表达方法来表达零件的局部结构。在标注叉架类零件的尺寸时，通常选用安装基面或零件的对称面作为尺寸基准。

3.3.1　拨叉

拨叉建模

本例将对拨叉进行建模过程分析，其零件图如图 3-50 所示。

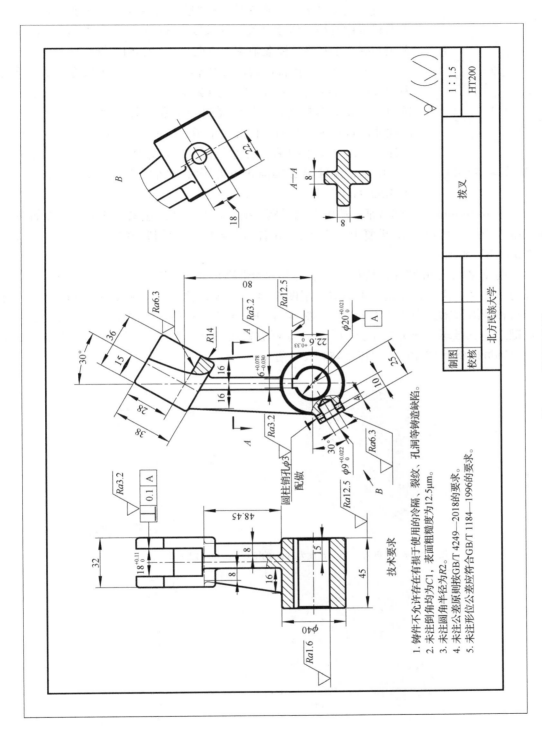

技术要求
1. 铸件不允许存在有损于使用的冷隔、裂纹、孔洞等铸造缺陷。
2. 未注倒角均为C1，表面粗糙度为12.5μm。
3. 未注圆角半径为R2。
4. 未注公差原则按GB/T 4249—2018的要求。
5. 未注形位公差应符合GB/T 1184—1996的要求。

图 3-50　拨叉零件图

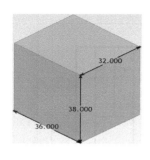

图 3-51　拨叉本体特征

由于拨叉属于叉架类零件，在建模过程中可以先创建一个长方体作为其本体特征，修改参数使其长度为 32mm、宽度为 36mm、高度为 38mm，并调整为标准轴测图方向，如图 3-51 所示。

（1）创建完本体特征后，在本体特征上创建一个长方形槽，长度为 18mm，宽度为 36mm，高度为 28mm，其中宽度可以不指定，拉透即可，如图 3-52（a）所示；在本体特征后端面底部中点处创建一圆柱体，直径为 40mm，长度先不指定，如图 3-52（b）所示；单击圆柱体，沿 Y 轴向正前方平移该圆柱体，距离为 15mm，如图 3-52（c）所示；继续沿 Z 轴向正下方平移该圆柱体，距离为 80mm，如图 3-52（d）所示。

（2）单击 ϕ40mm 圆柱体特征，选中左侧手柄，编辑其左端面至拨叉本体特征中点的距离为 30mm，如图 3-53（a）所示；重复上一步，编辑其右端面至拨叉本体特征中点的距离为 15mm，如图 3-53（b）所示。

（3）创建完 ϕ40mm 圆柱体特征后，单击上方的带槽长方体，激活其三维球，按住空格键使特征与三维球剥离后，移动三维球球心至图 3-54（a）所示位置；左键选中三维球与槽方向平行的长轴，沿该轴方向平移 15mm，如图 3-54（b）所示；按住空格键使特征与三维球绑定后，左键选中三维球与槽方向垂直的长轴，鼠标放置在三维球内部，左键按住不放使带槽长方体沿该轴顺时针旋转 30°，如图 3-54（c）所示。

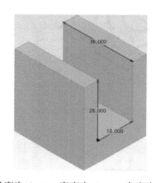

(a) 创建长度为18mm、宽度为36mm、高度为28mm的槽

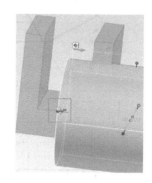

(b) 创建后端面 ϕ40mm 的圆柱体

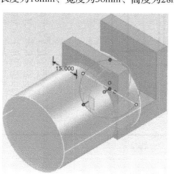

(c) 沿Y轴平移 ϕ40mm 的圆柱体

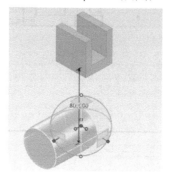

(d) 沿Z轴平移 ϕ40mm 的圆柱体

图 3-52　创建带槽长方体与 ϕ40mm 圆柱体并移动圆柱体到指定位置

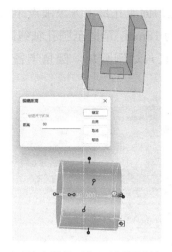 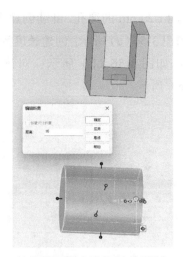

（a）编辑圆柱体左端面至中线的距离　　　　　　（b）编辑圆柱体右端面至中线的距离

图 3-53　编辑圆柱体的长度

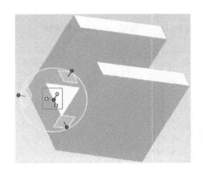 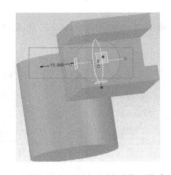 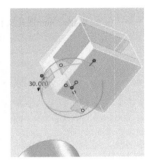

（a）使三维球定位至后端面底部中点处　　（b）沿与槽方向平行的轴平移三维球　　（c）沿与槽方向垂直的轴旋转带槽长方体

图 3-54　旋转带槽长方体 30°

（4）创建如图 3-55（a）所示的草图后，使用"拉伸"命令，选择中性面拉伸，距离为 4mm，如图 3-55（b）所示；绘制两个草图，分别创建如图 3-55（c）和（d）所示的筋板。

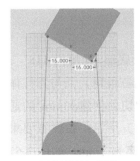 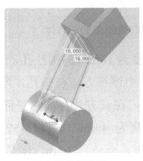  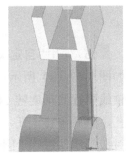

（a）绘制拉伸特征草图　　　（b）创建拉伸特征　　　（c）创建左侧筋板　　　（d）创建右侧筋板

图 3-55　创建拨叉中间支承部分

（5）创建ϕ20mm 的通孔，继续创建宽度为 6mm，上顶面距孔最下方象限点距离为 22.6mm 的键槽，如图 3-56（a）所示；创建长度为 31mm，宽度为 18mm，顶面至圆孔轴线距离为 25mm 的长方体，如图 3-56（b）所示；对该长方体前方两直角边倒圆角，圆角半径为 9mm，如图 3-56（c）所示。

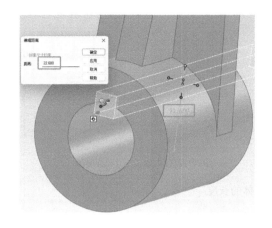

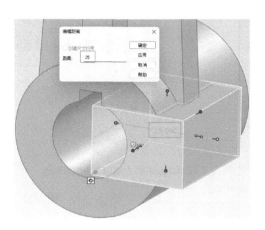

（a）创建ϕ20mm通孔及上方键槽　　　　　　　　　（b）创建长度为31mm、宽度为18mm的长方体

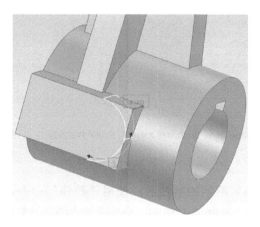

（c）创建圆角特征R9mm

图 3-56　创建键槽与带圆角的长方体

（6）使用"自定义孔"创建直径为 9mm、深度为 10mm 的圆柱孔，V 形底部，角度为 118°，如图 3-57（a）所示；在"设计环境"中同时选中该长方体与圆孔，激活三维球，沿与圆柱体轴线平行的轴旋转 30°，如图 3-57（b）所示；在长方体柱面与平面相切处创建ϕ3mm 的通孔，然后平移该孔，使其与长方体左端面的距离为 4mm，如图 3-57（c）所示；按图纸要求对拨叉零件进行"圆角过渡"与"边倒角"操作，半径为 2mm，倒角距离为 1mm，如图 3-57（d）所示。

（a）创建直径为9mm、深度为10mm的圆柱孔

（b）同时选中长方体与圆孔，旋转30°

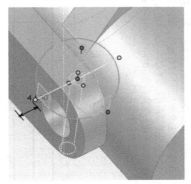
（c）创建直径为3mm的通孔，距离左端面4mm

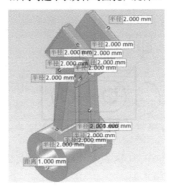
（d）按图纸要求倒圆角与倒直角

图 3-57　创建拨叉剩余特征

（7）拨叉最终效果如图 3-58 所示。

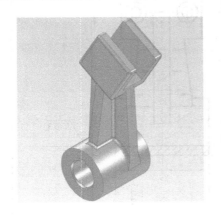

图 3-58　拨叉最终效果图

3.3.2　踏架

本例中我们将对踏架进行建模过程分析，其零件图如图 3-59 所示。

踏架建模

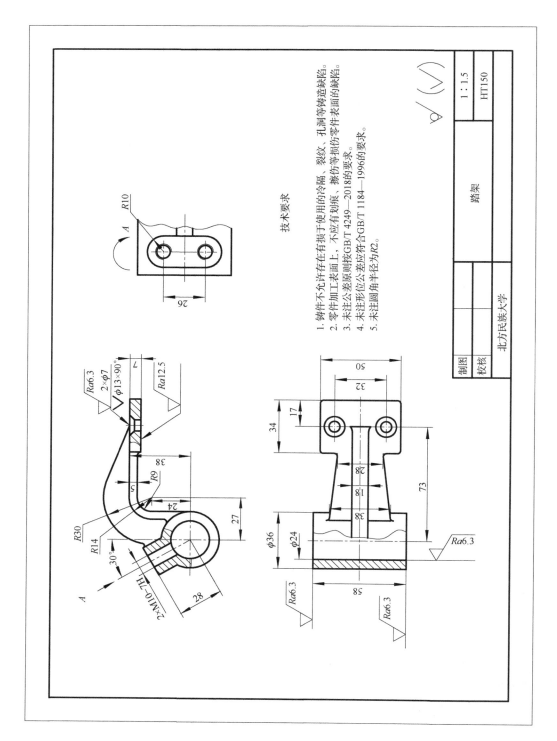

图 3-59　踏架零件图

　　由于踏架属于叉架类零件，在建模过程中可以先创建一个圆柱体作为其本体特征，单击该特征，修改参数使其直径为 36mm、长度为 58mm，并调整为标准轴测图方向，如图 3-60 所示。

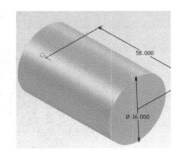

　　（1）创建完本体特征后，在本体特征前端面圆心处创建一个长方体，参数先不指定，如图 3-61（a）所示；沿 X 轴旋转长方体，角度为 90°，如图 3-61（b）所示；继续沿 Y 轴向正后方平移该长方体，距离为 29mm，如图 3-61（c）所示；继续沿 Z 轴向正上方平移该长方体，距离为 38mm，如图 3-61（d）所示；继续沿 X 轴向正右方平移该长方体，距离为 73mm，如图 3-61（e）所示；修改该长方体参数长度为 34mm、宽度为 50mm、高度为 7mm，如图 3-61（f）所示。

图 3-60　踏架本体特征

　　（2）在 φ36mm 的圆柱体正上方创建一个键，平移该键特征至指定位置，右击该键上表面控制手柄，编辑到中心点的距离为 28mm，如图 3-62（a）所示；绕 φ36mm 的圆柱体轴线旋转该键特征，角度为 30°，如图 3-62（b）所示。

　　（3）在 φ36mm 的圆柱体前端面创建一个通孔，直径为 24mm，在键特征表面创建两个通孔，直径为 8.5mm，使用"修饰螺纹"单击两孔外圆轮廓，标准选择 GB，类型选择机械螺纹，尺寸为 M10×1.5，如图 3-63 所示。

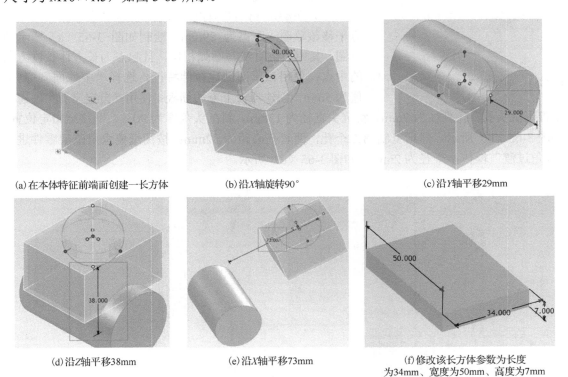

(a) 在本体特征前端面创建一长方体　　　(b) 沿 X 轴旋转 90°　　　(c) 沿 Y 轴平移 29mm

(d) 沿 Z 轴平移 38mm　　　(e) 沿 X 轴平移 73mm　　　(f) 修改该长方体参数为长度为 34mm、宽度为 50mm、高度为 7mm

图 3-61　创建踏架右侧长方体连接板

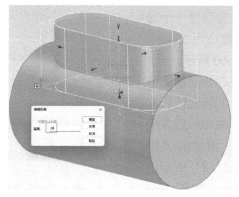

(a)在圆柱体上方创建一个键特征

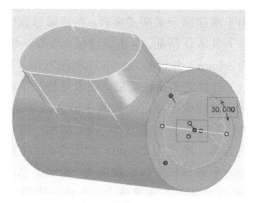

(b)键特征旋转30°

图 3-62　在本体特征上创建一个键特征

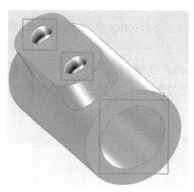

图 3-63　创建两螺纹孔与圆柱通孔

（4）在 ϕ36mm 的圆柱体前端面创建二维草图，旋转 90°放平后绘制如图 3-64（a）所示的草图作为"放样"特征的截面 1；在长方体左端面创建二维草图并绘制如图 3-64（b）所示的草图作为"放样"特征的截面 2；继续绘制如图 3-64（c）所示的草图作为"放样"特征的中心线；最后使用"放样"特征，相关度选 50，创建如图 3-64（d）所示的弯板。

（5）在 ϕ36mm 的圆柱体前端面创建二维草图，向正后方平移该草图，距离为 29mm，绘制如图 3-65（a）所示的草图，其中右侧直线与圆弧相切，且起点为长方体长度方向的中点；使用该草图创建拉伸特征，选择"中性面"，高度值为 5mm，创建弯板上方的筋板；使用"自定义孔"创建一个锥形沉头孔，孔直径为 7mm，斜沉头直径为 13mm，斜沉头角度为 90°，平移至指定位置，如图 3-65（b）所示，然后复制第二个孔，两者孔心距为 32mm；按图纸要求对踏架零件进行"圆角过渡"操作，半径为 2mm，如图 3-65（c）所示。

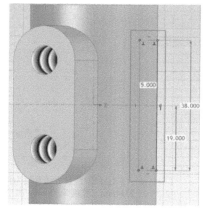

(a)绘制放样特征草图一

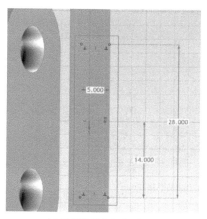

(b)绘制放样特征草图二

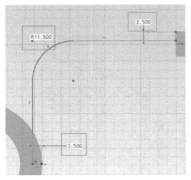

(c) 绘制放样特征中心线

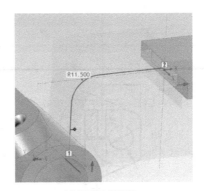

(d) 创建放样特征

图 3-64　创建弯板放样特征

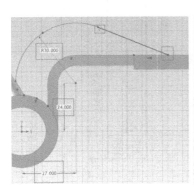

(a) 绘制拉伸特征草图

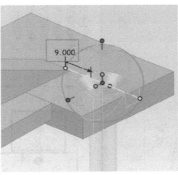

(b) 创建锥形沉头孔

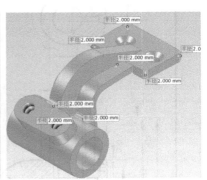

(c) 创建所有圆角特征 *R*2

图 3-65　创建踏架剩余特征

（6）踏架最终效果如图 3-66 所示。

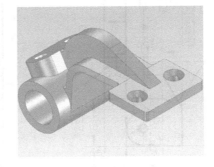

图 3-66　踏架最终效果图

3.3.3　主轴架

本例中我们将对主轴架进行建模过程分析，其零件图如图 3-67 所示。

由于主轴架属于叉架类零件，在建模过程中可以先创建一个圆柱体作为其本体特征，单

主轴架建模

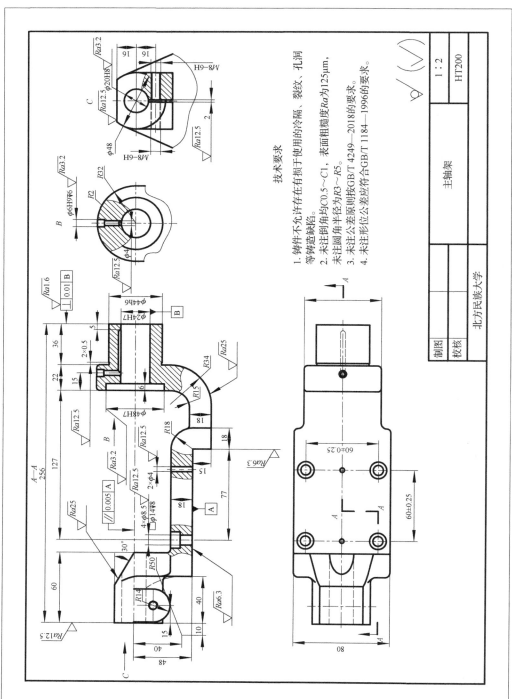

图 3-67　主轴架零件图

击该特征，修改参数使其直径为 44mm、长度为 36mm，并调整为标准轴测图方向，如图 3-68 所示。

（1）创建完本体特征后，在本体特征左端面圆心处创建一个圆柱体，修改参数使其直径为 64mm，长度为 22mm，如图 3-69（a）所示；在圆柱体正下方创建一个长方体，修改参数使其长度为 22mm、宽度为 64mm、高度为 63mm，如图 3-69（b）所示；使用"拉伸切除"命令，拉伸高度值为 2mm，加厚特征选择"单向"，并勾选"翻转加厚方向"，数值设为 0.5，创建 2mm×0.5mm 环形槽，如图 3-69（c）所示；在 ϕ64mm 圆柱体左端面创建一沉孔，直径为 48mm，深度为 6mm，继续创建一通孔，直径为 24mm，如图 3-69（d）所示。

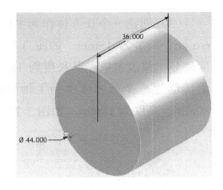

图 3-68　主轴架本体特征

（2）使用"自定义孔"创建一沉头孔，沉头直径为 6mm、深度为 6mm，通孔直径为 4mm、深度为 30mm，如图 3-70（a）所示；在 ϕ24mm 圆孔右端面正上方创建圆柱孔，直径为 4mm、深度为 38mm，调整该孔右端面距 ϕ44mm 圆柱体右端面为 5mm，如图 3-70（b）所示；切换线框模式，对该孔右端面使用"圆角过渡"命令，半径为 2mm，如图 3-70（c）所示。

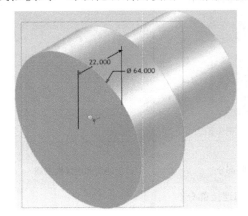

(a) 在本体特征左端面创建一个圆柱体

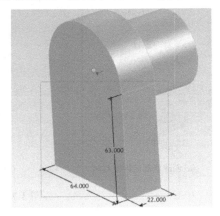

(b) 在圆柱体正下方创建一个长方体

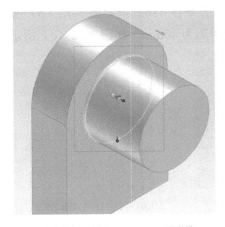

(c) 拉伸切除创建 2mm×0.5mm 环形槽

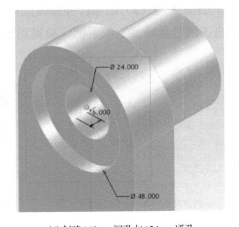

(d) 创建 ϕ48mm 沉孔与 ϕ24mm 通孔

图 3-69　创建圆柱体、长方体、环形槽与圆柱孔

（3）创建一个长方体作为主轴架底部连接板右侧，修改参数使其长度为 32mm、宽度为 64mm、高度为 18mm，如图 3-71（a）所示；继续创建一个长方体作为主轴架底部连接板中间部分，修改参数使其长度为 18mm、宽度为 80mm、高度为 33mm，如图 3-71（b）所示；继续创建一个长方体作为主轴架底部连接板左侧，修改参数使其长度为 108mm、宽度为 80mm、高度为 18mm，如图 3-71（c）所示。

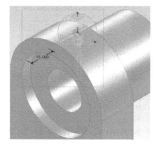 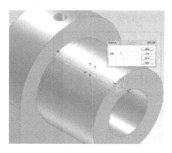 

(a) 创建沉头孔，沉头直径为6mm、深度为6mm，通孔直径为4mm、深度为30mm　　(b) 创建直径为4mm、深度为38mm的圆柱孔　　(c) 在线框模式下倒圆角

图 3-70　创建沉头孔与倒圆角圆孔

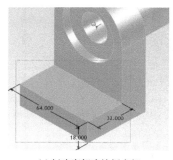 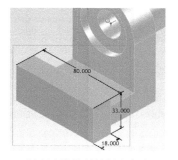 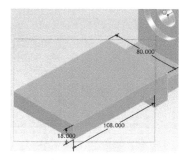

(a) 创建底部连接板右侧　　(b) 创建底部连接板中间部分　　(c) 创建底部连接板左侧

图 3-71　创建主轴架中间连接部分

（4）在主轴架底部连接板左侧下边中点处创建一圆柱体，直径为 48mm，长度先不指定，如图 3-72（a）所示；控制该圆柱体沿 Z 轴向正上方平移 48mm，如图 3-72（b）所示；单击该圆柱体特征左侧手柄，编辑到连接板左端面的距离为 40mm，如图 3-72（c）所示。

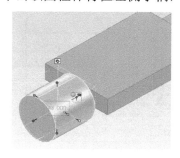 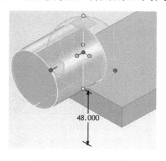 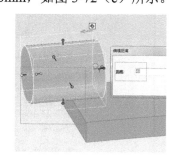

(a) 创建直径为48mm的圆柱体　　(b) 向上平移该圆柱体　　(c) 编辑到连接板左端面的距离为40mm

图 3-72　创建主轴架左侧圆柱体

（5）在 ϕ48mm 的圆柱体右端面创建二维草图，绘制如图 3-73（a）所示的草图，创建拉伸特征，拉伸高度值为 20mm，如图 3-73（b）所示；创建一圆柱体，其直径为 28mm、长度为 48mm，圆柱轴线距 ϕ48mm 大圆柱左端面为 15mm，且位于 ϕ48mm 大圆柱轴线正下方，距离为 16mm，圆柱两端面与 ϕ48mm 大圆柱表面相切，如图 3-73（c）所示；创建一长方体，其长度为 28mm、宽度为 48mm、高度为 16mm，使该长方体前后两面恰好与 ϕ48mm 大圆柱表面相切，如图 3-73（d）所示。

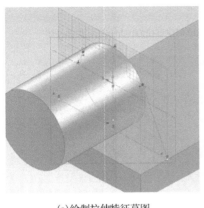

（a）绘制拉伸特征草图

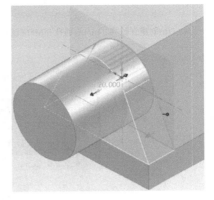

（b）创建拉伸特征

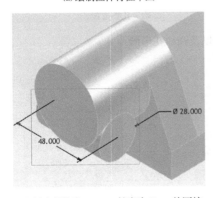

（c）创建直径为28mm、长度为48mm的圆柱

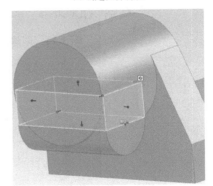

（d）创建与 ϕ28mm 圆柱等宽的长方体

图 3-73　创建圆头三角形拉伸特征与 ϕ48mm 圆柱体下方拉伸特征

（6）创建 ϕ20mm 通孔与 M8 螺纹孔，先创建一个圆柱孔，直径为 6.8mm，6.8mm 为该螺纹孔小径，再使用"修饰螺纹"添加 M8×1.5 螺纹，如图 3-74（a）所示；在 ϕ48mm 大圆柱左端面圆心处创建一个圆柱孔，直径为 100mm，深度为 2mm，如图 3-74（b）所示；沿 Z 轴水平旋转该圆柱孔，角度为 90°，如图 3-74（c）所示；沿 Z 轴向正下方平移该圆柱孔，距离为 40mm，最后沿 X 轴向正左方平移该圆柱孔，距离为 10mm，如图 3-74（d）所示。

（7）在 ϕ48mm 大圆柱右端面圆心处创建二维草图，沿 Z 轴水平旋转该二维草图，角度为 90°，绘制拉伸切除特征的草图，如图 3-75（a）所示；创建"拉伸切除"特征，选择"中性面"，高度值为 50mm，如图 3-75（b）所示。

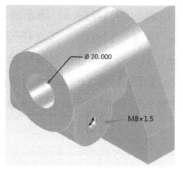

(a)创建直径为20mm的通孔与M8螺纹孔

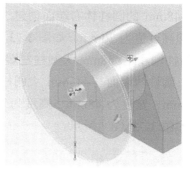

(b)创建直径为100mm的孔类圆柱体

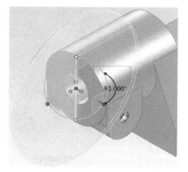

(c)旋转该孔类圆柱体

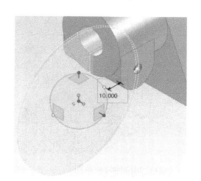

(d)确定孔心位置

图3-74　创建螺纹孔与通孔以及圆柱孔形槽

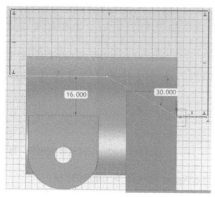

(a)创建拉伸切除二维草图

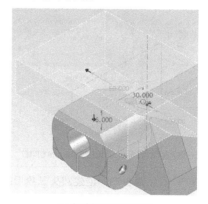

(b)创建拉伸切除特征

图3-75　创建拉伸切除特征

（8）使用"自定义孔"在连接底板上创建一沉头孔，通孔直径为8.5mm，沉头深度为8mm，沉头直径为14mm，编辑沉头孔轴线到右侧立板左端面距离为77mm，如图3-76（a）所示；沿 Y 轴向正后方平移该沉头孔，距离为10mm，如图3-76（b）所示；继续沿 Y 轴向正后方复制该沉头孔，数量为2，距离为30mm，如图3-76（c）所示；右击中间沉头孔，在弹出的菜单中选择"加载属性"将其修改为φ4mm 的简单通孔，如图 3-76（d）所示；在"设计环境"中按住 Shift 键连续选中这三个孔后，沿 X 轴向正右方复制，数量为1，距离为60mm，如图3-76（e）所示。

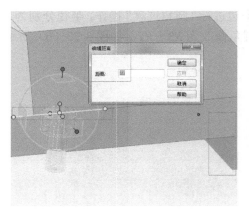

(a)创建沉头孔并确定X方向位置

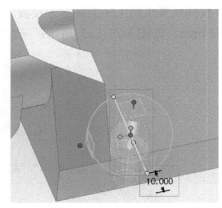

(b)确定沉头孔Y方向位置

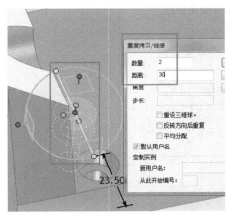

(c)线性复制2个沉头孔

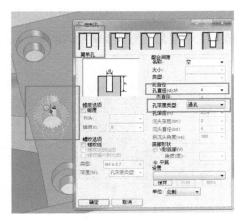

(d)修改中间沉头孔为ϕ4mm的简单通孔

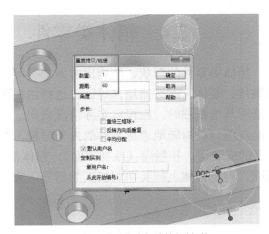

(e)选中3个孔向右侧线性复制1份

图 3-76 创建中间连接板孔特征

（9）按图纸要求对主轴架底部连接板的三个边进行"圆角过渡"操作，半径分别为 18mm、15mm、34mm，如图 3-77（a）所示；未标注圆角修改为 $R3\sim R5$，如图 3-77（b）所示。

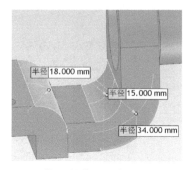

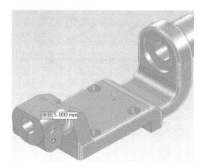

(a)按照图纸标注创建圆角过渡　　　　　　(b)未标注圆角改为$R3\sim R5$

图 3-77　创建主轴架圆角特征

（10）主轴架最终效果如图 3-78 所示。

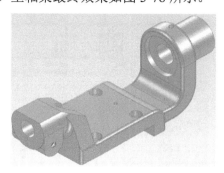
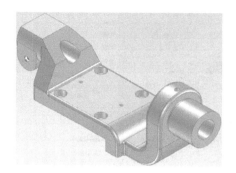

图 3-78　主轴架最终效果图

3.4　箱体类零件

就一般情况而言，箱体类零件的形状、结构比前面三类零件复杂，而且加工位置的变化更多。这类零件包含阀体、泵体、减速器箱体等。在选择主视图时，主要考虑自然位置、工作位置和形状特征。选用其他视图时，应根据实际情况采用适当的剖视图、断面图、局部视图和斜视图等多种辅助视图，以清晰地表达零件的内外结构。在标注尺寸方面，通常选用设计上要求的轴线、重要的安装面、接触面（或加工面）、箱体某些主要结构的对称面（宽度、长度）等作为尺寸基准。对于箱体上需要切削加工的部分，应尽可能按便于加工检验的要求来标注尺寸。

齿轮箱建模

3.4.1　齿轮箱

本例中我们将对齿轮箱进行建模过程分析，其零件图如图 3-79 所示。

由于齿轮箱属于箱体类零件，在建模过程中可以先创建一个长方体作为其本体特征，单击该特征，修改参数使其长度为 230mm、宽度为 105mm、高度为 304mm，并调整为标准轴测图方向，如图 3-80 所示。

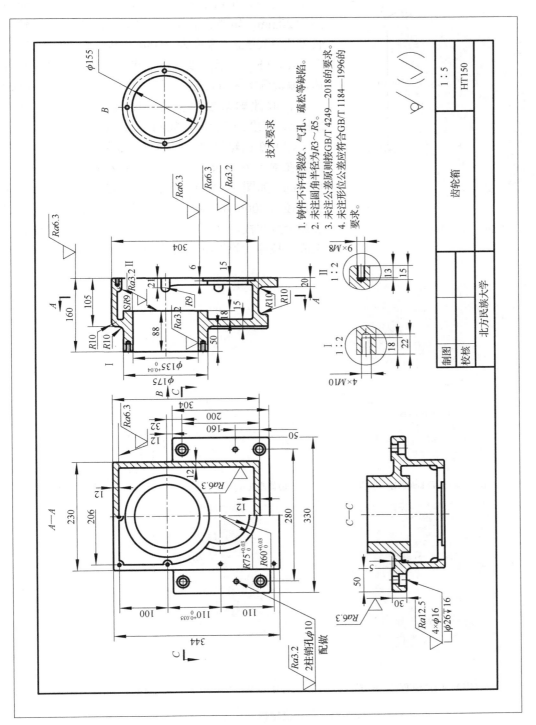

图 3-79　齿轮箱零件图

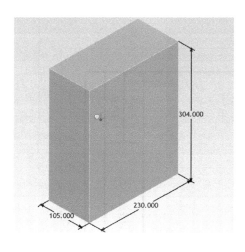

图 3-80 齿轮箱本体特征

（1）创建完本体特征后，在本体特征后端面创建一个长方体，单击下方手柄，编辑到本体特征底面距离为 20mm，如图 3-81（a）所示；修改剩余参数使其长度为 330mm、宽度为 25mm、高度为 200mm，如图 3-81（b）所示；重复上一步，在前端面创建长方体，编辑到本体特征底面距离为 40mm，如图 3-81（c）所示；修改剩余参数使其长度为 230mm、宽度为 20mm、高度为 40mm，如图 3-81（d）所示。

（2）在齿轮箱前表面创建二维草图，草图原点先放置在最上方边长中点处，再沿 Z 轴向正下方平移 112mm，如图 3-82（a）所示；以草图原点为圆心，绘制直径为 206mm 的圆，继续绘制直径为 120mm 的圆及剩余直线段，使用"智能标注"约束相关尺寸后，完成"拉伸切除"特征的草图创建，如图 3-82（b）

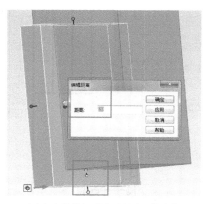

（a）在本体特征后端面创建一长方体

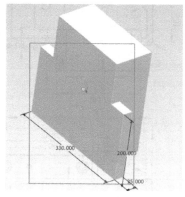

（b）修改其长度为330mm、宽度为25mm、高度为200mm

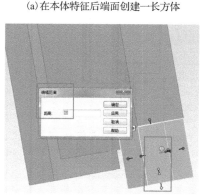

（c）在本体特征前端面创建一长方体

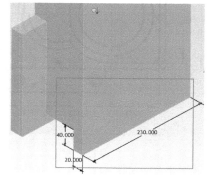

（d）修改其长度为230mm、宽度为20mm、高度为40mm

图 3-81 创建齿轮箱外部特征

所示；选择上一步创建的草图，使用"拉伸切除"命令，单击齿轮箱零件，高度设置为15mm，如图3-82（c）所示；继续在齿轮箱前表面创建二维草图，使用"投影约束"提取上一步创建的直径为120mm的圆，如图3-82（d）所示；绘制一个直径为150mm的圆，并删除多余线段，完成草图创建，如图3-82（e）所示；选择上一步创建的草图，使用"拉伸切除"命令，单击齿轮箱零件，高度设置为6mm，如图3-82（f）所示。

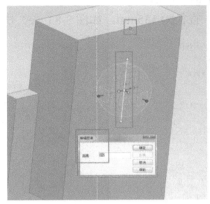

(a) 在本体特征前表面放置二维草图

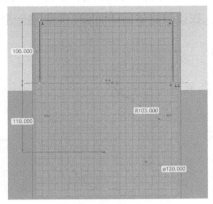

(b) 绘制拉伸切除特征草图

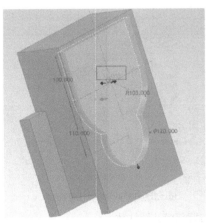

(c) 创建拉伸切除特征，高度为15mm

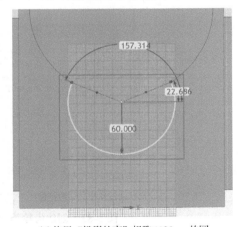

(d) 使用"投影约束"提取ø120mm的圆

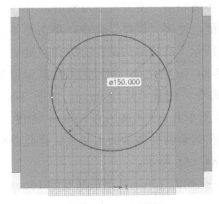

(e) 绘制ø150mm的圆

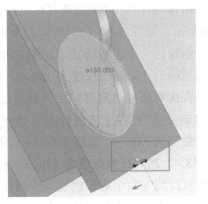

(f) 创建拉伸切除特征，高度为6mm

图 3-82　创建齿轮箱外部拉伸切除特征

（3）创建一个孔类长方体作为齿轮箱内腔，修改参数使其长度为 206mm、宽度为 75mm、高度为 280mm，如图 3-83（a）所示；在齿轮箱后方最上方边长中点处创建一圆柱体，直径为 175mm，长度先不指定，如图 3-83（b）所示；沿 Z 轴向正下方平移该圆柱体，距离为 112mm，如图 3-83（c）所示；拖拽该圆柱体右侧手柄使其穿透齿轮箱后方箱壁，右击其右侧手柄，编辑到箱体后方内壁的距离为 18mm，单击其左侧控制手柄，修改该圆柱体长度为 88mm，如图 3-83（d）所示；在该圆柱体后端面圆心处创建一个通孔，直径为 135mm，如图 3-83（e）所示。

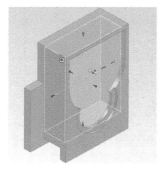
（a）创建齿轮箱长方体内腔

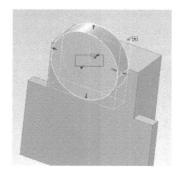
（b）在齿轮箱后方上边中点处创建圆柱体

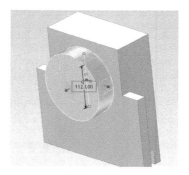
（c）调整圆柱体位置

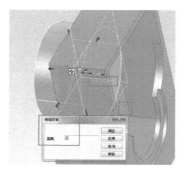
（d）拖拽圆柱体使其穿透箱壁

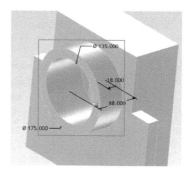
（e）创建φ135mm的通孔特征

图 3-83 创建齿轮箱内腔与背部带孔圆柱体

（4）在箱体后方的一个长方形耳板上创建一个厚板特征，使其长度为 50mm、宽度为 5mm、高度为 200mm，如图 3-84（a）所示；单击该特征，使用"镜像"命令，单击箱体最下方边长中点后，创建另一个厚板特征，如图 3-84（b）所示；在箱体内侧左上方角点处创建一个圆柱体，使其直径为 18mm、长度为 30mm，如图 3-84（c）所示；参考图纸在其余位置复制该圆柱体，并在所有圆柱体底部使用"圆角过渡"命令，使其半径为 9mm，如图 3-84（d）所示；使用"自定义孔"在左上方圆柱圆心处创建一个简单孔，使其直径为 6.8mm、深度为 15mm，V 形底部，角度为 118°，如图 3-84（e）所示；在剩余圆柱体端面上复制该盲孔并逐个添加修饰螺纹 M8×1.25，螺纹深度为 13mm，如图 3-84（f）所示。

（5）在箱体后方两个底板创建 4 个沉头通孔，孔径为 16mm，沉头深度为 16mm，沉头直径为 26mm，继续创建 2 个圆柱销孔，直径为 10mm，按图示尺寸进行定位，如图 3-85（a）所示；使用"自定义孔"在箱体后方圆柱体端面最上方创建一个简单孔，直径为 8.5mm、深

(a) 使用"厚板"创建加厚特征

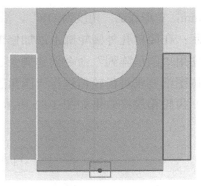

(b) 使用"镜像"命令复制厚板特征

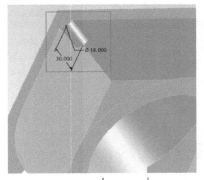

(c) 创建直径为18mm、长度为30mm的圆柱体

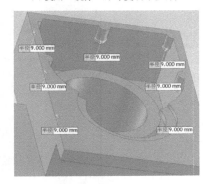

(d) 复制剩余圆柱体并倒圆角

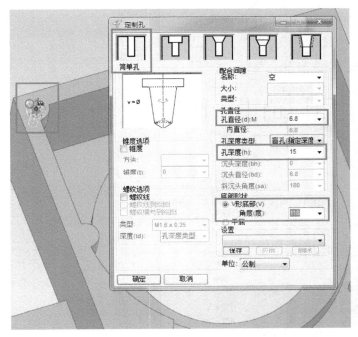

(e) 创建V形底部盲孔

(f) 复制剩余盲孔并添加修饰螺纹

图 3-84　创建齿轮箱固定底板与连接螺纹孔

度为22mm，V形底部，角度为118°，沿 Z 轴向正下方平移该简单孔，距离为10mm，如图3-85（b）所示；在简单孔外圆轮廓上添加修饰螺纹 M10×1.5，螺纹深度为18mm，如图3-85（c）所示；使用"圆形阵列"命令创建剩余3个 M10×1.5 螺纹孔，角度为90°，如图3-85（d）所示；按图纸要求对齿轮箱进行"圆角过渡"操作，如图3-85（e）所示。

（6）齿轮箱最终效果如图3-86所示。

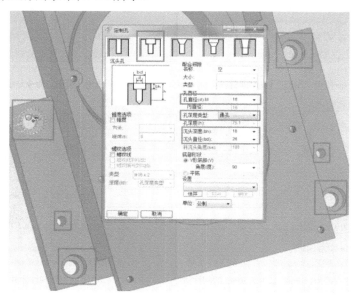

(a) 在后方底板创建沉头孔与销孔

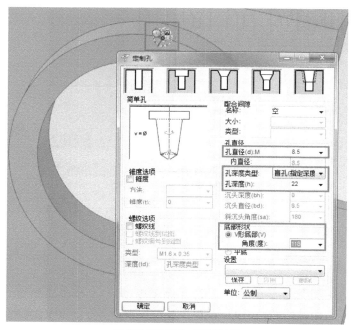

(b) 在后端面创建V形底部盲孔

(c) 添加修饰螺纹

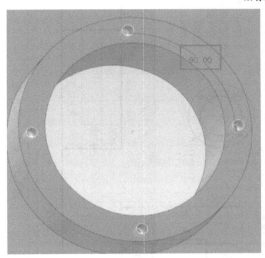

(d) 阵列螺纹孔，角度为90°

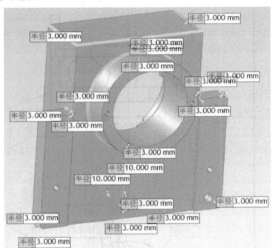

(e) 按图纸要求创建全部圆角特征

图 3-85　创建齿轮箱孔特征与圆角特征

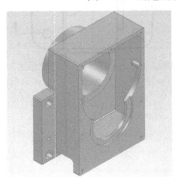

图 3-86　齿轮箱最终效果图

3.4.2　蜗轮壳

本例中我们将对蜗轮壳进行建模过程分析，其零件图如图 3-87 所示。

蜗轮壳建模

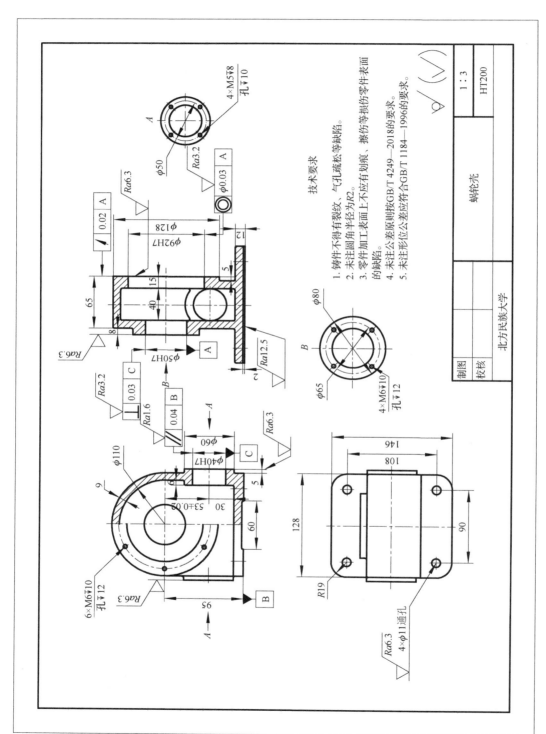

图 3-87 蜗轮壳零件图

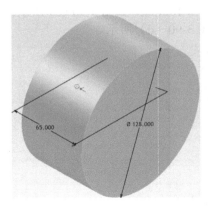

图 3-88　蜗轮壳本体特征

由于蜗轮壳属于箱体类零件，可以在建模过程中先创建一个圆柱体作为其本体特征，单击该特征，修改参数使其直径为 128mm、长度为 65mm，并调整为标准轴测图方向，如图 3-88 所示。

（1）创建完本体特征后，继续创建一个长方体，使其长度为 128mm、高度为 95mm、宽度为 60mm，且该长方体左右两端面与 φ128mm 圆柱曲面相切，如图 3-89（a）所示；继续创建一个长方体作为蜗轮壳底板，使其长度为 128mm、宽度为 146mm、高度为 12mm，如图 3-89（b）所示；在本体特征后端面中心点处创建一个圆柱体，修改参数使其直径为 80mm、长度为 8mm，如图 3-89（c）所示；在底板前端面创建一个长方形通槽，使其长度为 60mm，上表面到底板底边的距离为 2mm，如图 3-89（d）所示。

（2）在底板左前方拐角处创建一个圆柱通孔，直径为 11mm，如图 3-90（a）所示；在水平方向平移该孔，X、Y 方向距离均为 19mm，如图 3-90（b）所示；继续复制剩余 3 个通孔，

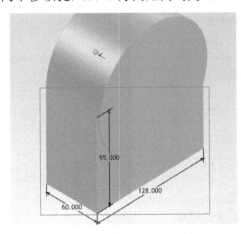

(a) 在本体特征后端面创建一长方体

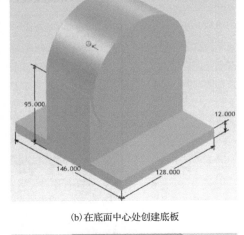

(b) 在底面中心处创建底板

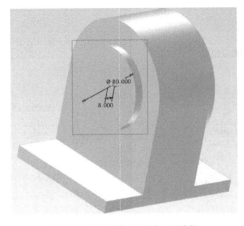

(c) 在本体特征后端面创建一圆柱体

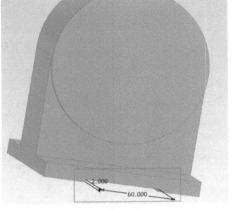

(d) 创建底板长方形通槽

图 3-89　创建蜗轮壳下部连接板、后部圆台与底板

使 4 个孔长度方向的定位尺寸为 90mm，宽度方向的定位尺寸为 108mm，如图 3-90（c）所示；使用"圆角过渡"创建 4 个倒圆角，圆角半径为 19mm，如图 3-90（d）所示。

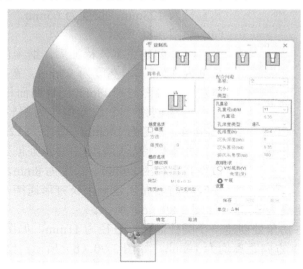

(a) 在底板上表面拐角处创建一圆孔

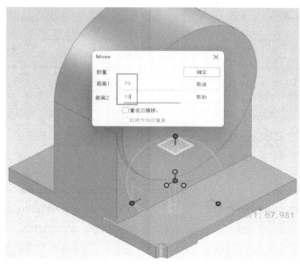

(b) 平移圆孔到指定位置

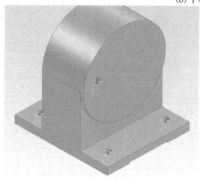

(c) 复制剩余3个孔

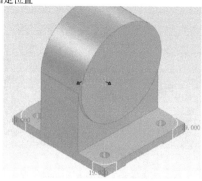

(d) 底板倒圆角

图 3-90 创建蜗轮壳底板剩余特征

（3）在本体特征前端面创建一个圆柱孔，单击控制手柄修改直径为 92mm、深度为 15mm，如图 3-91（a）所示；在上一步已创建圆孔的底部中心点处创建一个长方体空腔，使其上表面与圆柱孔中心平齐，长度为 110mm，宽度为 40mm，高度为 83mm，如图 3-91（b）所示；继续在上一步已创建长方体空腔的上边中点处创建一个圆柱孔，修改直径为 110mm，深度为 40mm，初始状态如图 3-91（c）所示；在蜗轮壳右端面创建一圆柱体，修改直径为 60mm，并使其轴线至蜗轮壳前表面圆孔外圆轮廓圆心的垂直距离为 53mm，如图 3-91（d）所示。

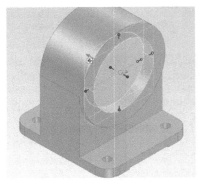

(a) 创建直径为92mm、深度为15mm的圆柱孔

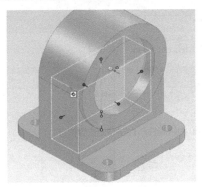

(b) 创建一长方体空腔

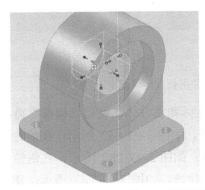

(c) 创建直径为110mm、深度为40mm的圆柱孔

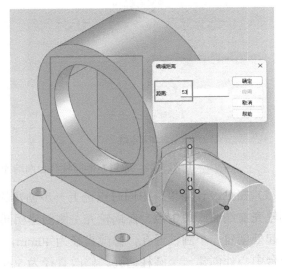

(d) 创建直径为60mm的圆柱体

图 3-91　创建蜗轮壳内部空腔与右侧圆柱凸台

（4）单击该圆柱体左侧控制手柄拉透，右击该手柄，选择"编辑到点的距离"后，单击蜗轮壳空腔右侧内壁，距离改为 6，如图 3-92（a）所示；右击右侧控制手柄，选择"编辑到点的距离"后，单击蜗轮壳右端面，距离改为 5，如图 3-92（b）所示；在上一步已创建圆柱体左端面中心点处创建一个长方体，如图 3-92（c）所示；反转该长方体，右击上方控制手柄，选择"到中心点"，单击圆柱体左端面的圆弧轮廓，右击前方控制手柄，双向拉伸使其宽度为 60mm，右击下方控制手柄，选择"到点"，左击蜗轮壳内部空腔底面，最终效果如图 3-92（d）所示。

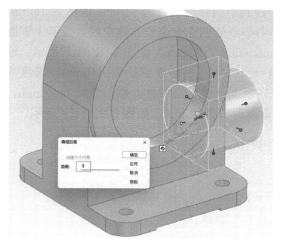

(a)编辑圆柱凸台左端面位置信息

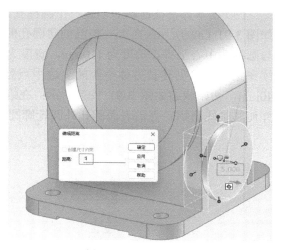

(b)编辑圆柱凸台右端面位置信息

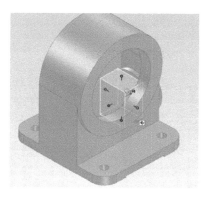

(c)创建长方体填补空隙

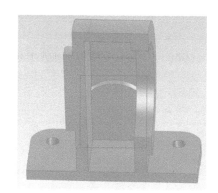

(d)填补空隙后的效果图

图 3-92 　 编辑右侧圆柱凸台两端面位置并用长方体填充空隙

（5）在"设计环境"中同时点选上一步创建的圆柱体和长方体，使用"镜像"命令，单击蜗轮壳前端面底边中点，在蜗轮壳左侧创建相同特征，如图 3-93（a）所示；在蜗轮壳右端面凸起处创建一个圆柱通孔，修改直径为 40mm，拉透，如图 3-93（b）所示；在蜗轮壳后端面圆台中心处创建一个圆柱通孔，修改直径为 50mm，拉透，如图 3-93（c）所示；使用"自定义孔"在蜗轮壳前方圆柱孔端面最左侧创建一个简单孔，直径为 5.1mm，深度为 12mm，V形底部，角度为 118°，沿 X 轴向正右方平移 9mm，添加修饰螺纹 M6×1，螺纹深度为 10mm，使用"圆形阵列"命令创建剩余 5 个 M6 螺纹孔，角度为 60°，如图 3-93（d）所示；继续在蜗轮壳后方圆柱孔端面创建 4 个 M6 螺纹孔，角度为 90°，需注意初始第一个孔旋转 45°后再阵列剩余 3 个孔，如图 3-93（e）所示；继续在蜗轮壳左右两侧圆柱孔端面创建 4 个 M5螺纹孔，角度为 90°，需注意初始第一个孔旋转 45°后再阵列剩余 3 个孔，如图 3-93（f）所示。

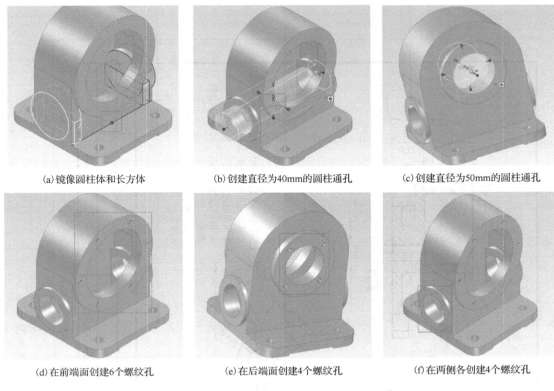

(a) 镜像圆柱体和长方体　　　(b) 创建直径为40mm的圆柱通孔　　　(c) 创建直径为50mm的圆柱通孔

(d) 在前端面创建6个螺纹孔　　　(e) 在后端面创建4个螺纹孔　　　(f) 在两侧各创建4个螺纹孔

图 3-93　蜗轮壳剩余特征及螺纹孔建模过程

（6）按图纸要求对蜗轮壳进行"圆角过渡"操作，蜗轮壳最终效果如图 3-94 所示。

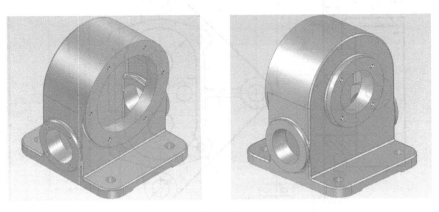

图 3-94　蜗轮壳最终效果图

3.4.3　机油泵体

本例中我们将对机油泵体进行建模过程分析，其零件图如图 3-95 所示。

由于机油泵体属于箱体类零件，可以在建模过程中先创建一个"键"作为机油泵体的本体特征，单击该特征，修改参数使其长度为 94.5mm、宽度为 56mm、高度为 36mm，并调整

机油泵体
建模

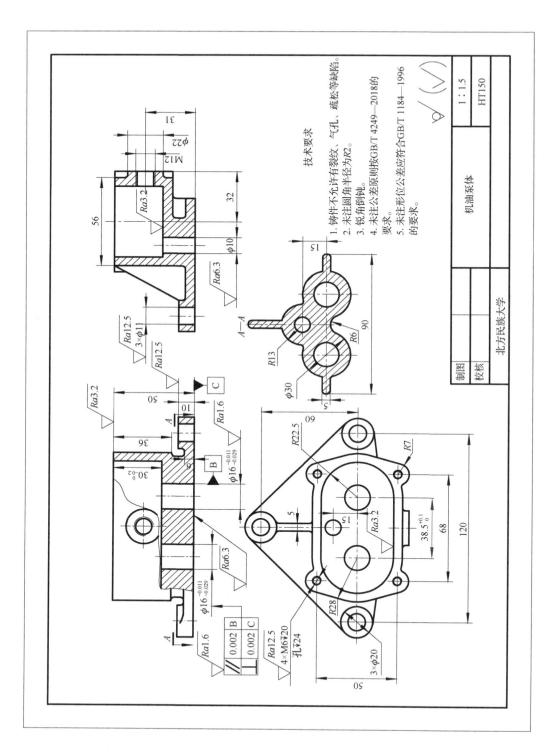

图 3-95　机油泵体零件图

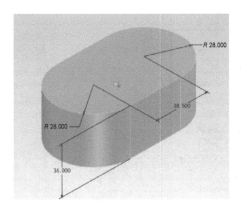

图 3-96　机油泵体本体特征

为标准轴测图方向，如图 3-96 所示。

（1）创建完本体特征后，在上端面左侧圆弧圆心处创建一个圆柱体，如图 3-97（a）所示；反转该圆柱体，沿 X 轴向正左方平移 14.75mm，如图 3-97（b）所示；沿 Y 轴向正前方平移 25mm，如图 3-97（c）所示；使用"自定义孔"在上一步圆柱体上端面创建一个简单孔，其直径为 5.1mm、深度为 24mm，V 形底部，角度为 118°，如图 3-97（d）所示；在"设计环境"中同时选中"圆柱体"与"孔"，复制剩余 3 份，如图 3-97（e）所示；使用"修饰螺纹"给 4 个孔添加 M6 粗牙螺纹，如图 3-97（f）所示。

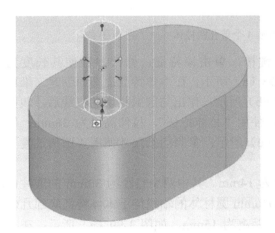

(a) 在本体特征上端面创建一圆柱体

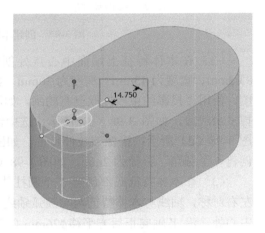

(b) 左移该圆柱体

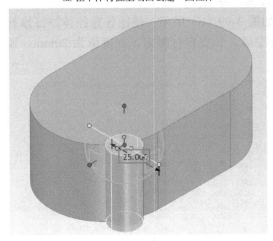

(c) 前移该圆柱体

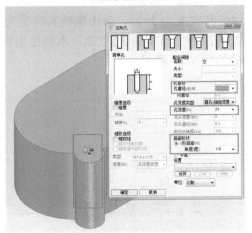

(d) 创建直径为5.1mm、深度为24mm的孔

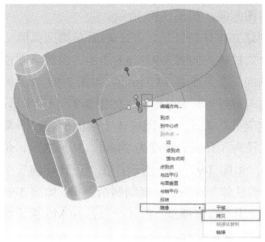

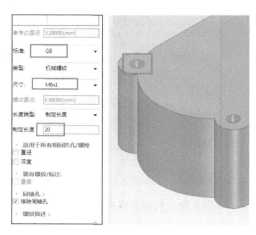

（e）复制该圆柱体与孔　　　　　　　　　　　　　　　（f）添加修饰螺纹

图 3-97　创建本体特征周围 4 个带孔圆柱体

（2）在本体特征上端面中心点处创建一个键槽，单击该特征，修改参数使其长度为 83.5mm、宽度为 45mm、深度为 30mm，如图 3-98（a）所示；在本体特征上端面创建二维草图，使用"投影约束"提取已有轮廓，如图 3-98（b）所示；作出与圆弧相切的直线后，裁剪掉多余线段，如图 3-98（c）所示；选中该草图，使用"拉伸特征"，拉伸高度为 36mm，如图 3-98（d）所示；镜像该拉伸特征，如图 3-98（e）所示；参照图纸尺寸使用"圆角过渡"创建 4 个圆角，直径为 2mm，如图 3-98（f）所示。

（3）在本体特征底部创建 3 个圆柱体，高度为 14mm。其中两个直径为 30mm 的圆柱体左右对称，轴线与本体特征两端圆弧轴线重合，$\phi26mm$ 圆柱体的轴线位于本体特征底部几何中心处，沿 Y 轴向正后方平移 $\phi26mm$ 的圆柱体，距离为 15mm，如图 3-99（a）所示；在本体特征底部中心点处创建一个长方体，反转该长方体，双向拉伸使其长度为 90mm，双向拉伸使其宽度为 5mm，单击拖拽其高度为 20mm，如图 3-99（b）所示；使用任意拉伸特征修补如图 3-99（c）所示的空隙，本例使用长方体修补空隙，长宽自行指定，高度值为 20mm，如图 3-99（d）所示。

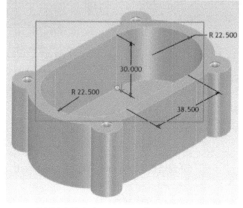

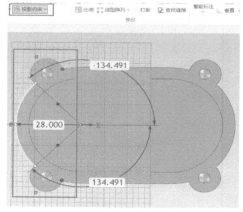

（a）创建长度为83.5mm、宽度为45mm、　　　　　　　（b）在草图中使用投影约束
深度为30mm的键槽

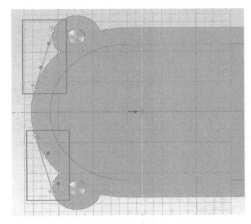

(c) 创建拉伸草图

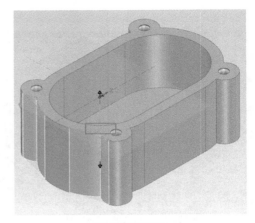

(d) 创建拉伸特征

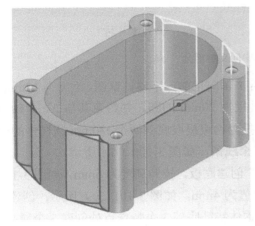

(e) 镜像拉伸特征

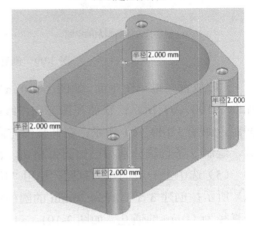

(f) 创建圆角特征

图 3-98   创建本体特征的外部形状

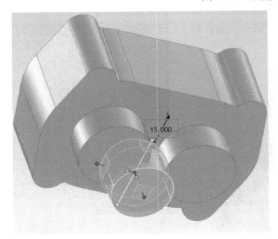

(a) 在本体特征底部创建圆柱体

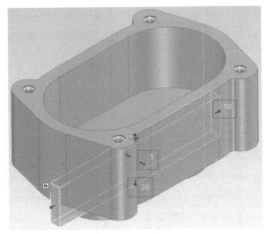

(b) 在本体特征底部创建一长方体

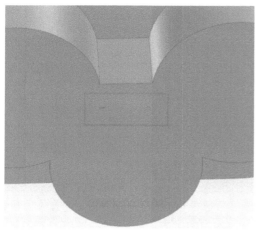

(c)创建长方体后剩余的空隙

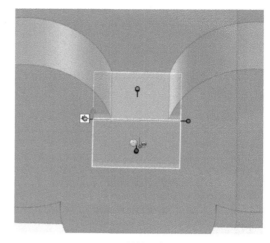

(d)修补空隙

图 3-99　创建机油泵体中间支承部分

（4）放置二维草图平面，如图 3-100（a）所示；沿 Y 轴向正前方平移该草图，距离为 15mm，如图 3-100（b）所示；在俯视图方向，绘制 3 个直径为 20mm 的圆，并约束其与 X、Y 轴的间距，如图 3-100（c）所示；在仰视图方向，使用投影约束提取底部两个 ϕ30mm 圆柱体的轮廓，绘制 5 条直线分别与已知圆弧相切，裁剪掉多余线条，如图 3-100（d）所示。

（5）选中上一步创建的草图，使用"拉伸特征"创建底板，拉伸高度为 6mm，如图 3-101（a）所示；创建 3 个直径为 20mm 的圆柱体，高度值为 4mm，如图 3-101（b）所示；创建 3 个直径为 11mm 的通孔，如图 3-101（c）所示；在本体特征底部 3 个特殊点处创建 3 个通孔，左右两个孔直径为 16mm，中间通孔直径为 10mm，沿 Y 轴向正后方平移中间直径为 10mm 的孔，距离为 15mm，如图 3-101（d）所示。

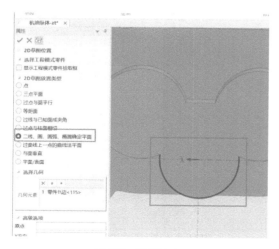

(a)放置二维草图平面

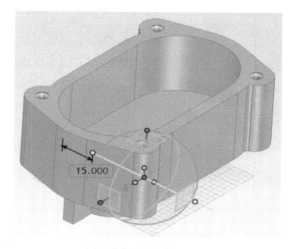

(b)平移草图，调整中心位置

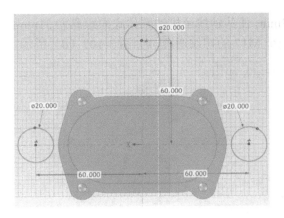

(c)绘制3个圆并约束其尺寸

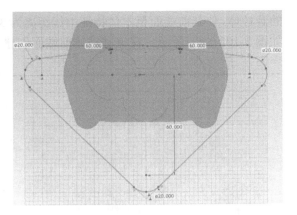

(d)画出相切直线后裁剪多余部分

图 3-100 创建机油泵体底板二维草图

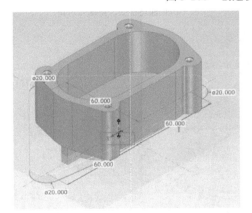

(a)创建底板拉伸特征

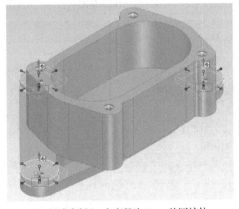

(b)创建底板上3个直径为20mm的圆柱体

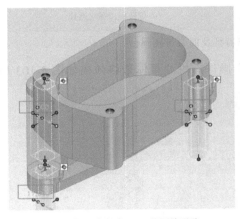

(c)创建3个直径为11mm的圆柱通孔

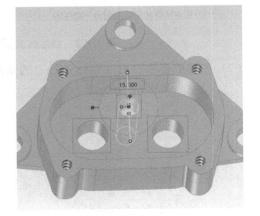

(d)在本体特征底部创建3个圆柱通孔

图 3-101 创建底板拉伸特征与 3 个圆柱通孔

（6）在机油泵体后方创建二维草图，绘制一条斜线，斜线上方端点可旋转机油泵体三维模型到一定角度后利用捕捉功能拾取，如图 3-102（a）所示；选中草图，使用筋特征创建泵体加强筋，宽度为 5mm，如图 3-102（b）所示；在机油泵体前端面中心处创建一个直径为 22mm

的圆柱体,使其前端面至本体特征中线距离为 32mm,使其轴线至机油泵体底面距离为 31mm,如图 3-102(c)所示;在该圆柱体前端面创建一个 M12 的螺纹通孔,如图 3-102(d)所示。

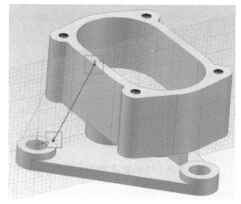

(a)绘制筋特征草图

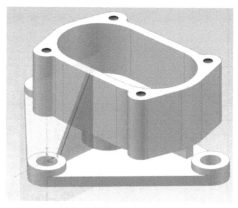

(b)创建筋特征,宽度为5mm

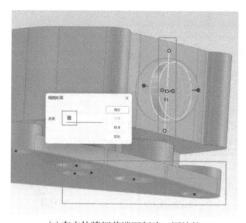

(c)在本体特征前端面创建一圆柱体

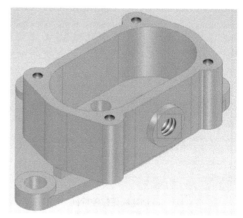

(d)创建M12螺纹通孔

图 3-102　创建机油泵体的筋特征及前方带孔圆台

(7)按图纸要求对机油泵体进行"圆角过渡"操作,机油泵体最终效果如图 3-103 所示。

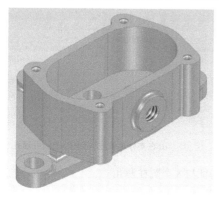

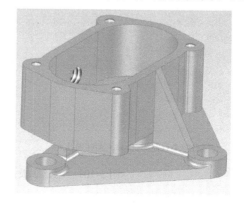

图 3-103　机油泵体最终效果图

第4章 典型装置建模与装配

4.1 模具锥顶座

本例中我们将对模具锥顶座 4 个零件的建模思路逐一讲解，并对照装配图完成三维模型的虚拟装配。

4.1.1 模具锥顶座装配图

模具锥顶座装配图如图 4-1 所示。

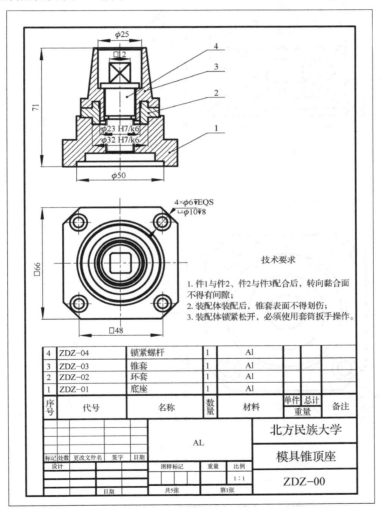

图 4-1 模具锥顶座装配图

4.1.2 底座建模过程

以下为模具锥顶座 1 号零件底座的建模过程，其零件图如图 4-2 所示。

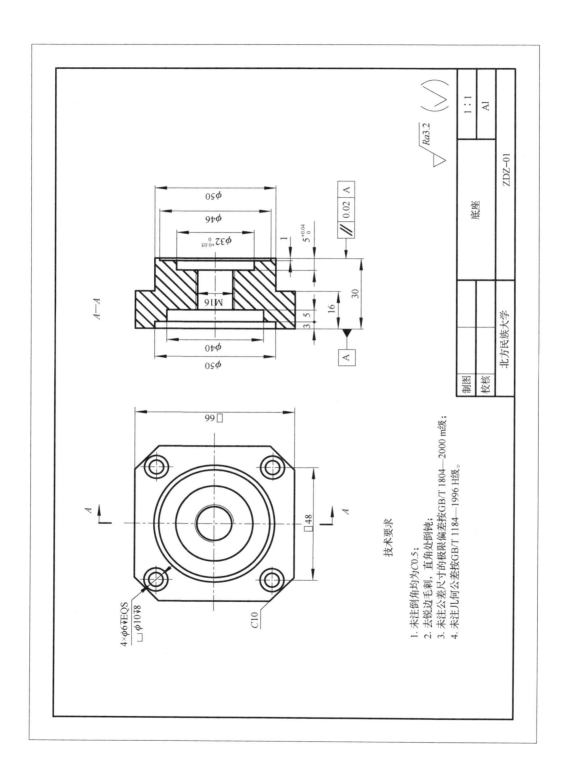

图 4-2　底座零件图

（1）创建一个长方体，修改参数使其长度为 66mm、宽度为 16mm、高度为 66mm，调整为标准轴测图方向，如图 4-3（a）所示。

（2）在长方体前表面中心点处创建一个圆柱体，修改参数使其直径为 50mm、长度为 14mm，调整为标准轴测图方向，如图 4-3（b）所示。

（3）在第（2）步创建的圆柱体前端面创建 2 个盲孔，修改参数使其直径为 46mm、深度为 1mm 和直径为 32mm、深度为 4mm，如图 4-3（c）所示；在第（1）步创建的长方体后端面创建 2 个盲孔，修改参数使其直径为 50mm、深度为 3mm 和直径为 40mm、深度为 5mm，如图 4-3（d）所示。

（4）创建 M16 螺纹通孔，如图 4-3（e）所示；创建 4 个沉头通孔，孔径为 6mm，沉头直径为 10mm，沉头深度为 8mm，相邻孔中心距为 48mm，如图 4-3（f）所示。

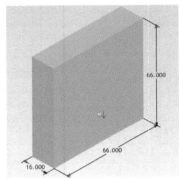

(a) 创建长度为66mm、宽度为16mm、高度为66mm的长方体

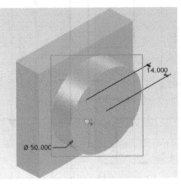

(b) 创建直径为50mm、长度为14mm的圆柱体

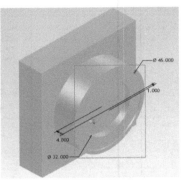

(c) 在圆柱体前端面创建2个盲孔

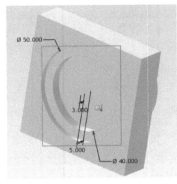

(d) 在长方体后端面创建2个盲孔

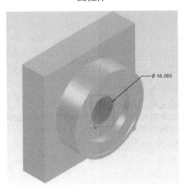

(e) 创建M16螺纹通孔

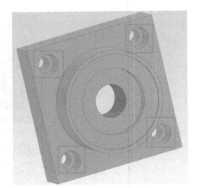

(f) 创建4个沉头通孔

图 4-3　底座建模过程

（5）参照图纸对 4 个直角边倒直角，距离为 10mm，最终效果如图 4-4 所示。

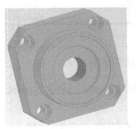

图 4-4　底座最终效果图

4.1.3 环套建模过程

以下为模具锥顶座 2 号零件环套的建模过程，其零件图如图 4-5 所示。

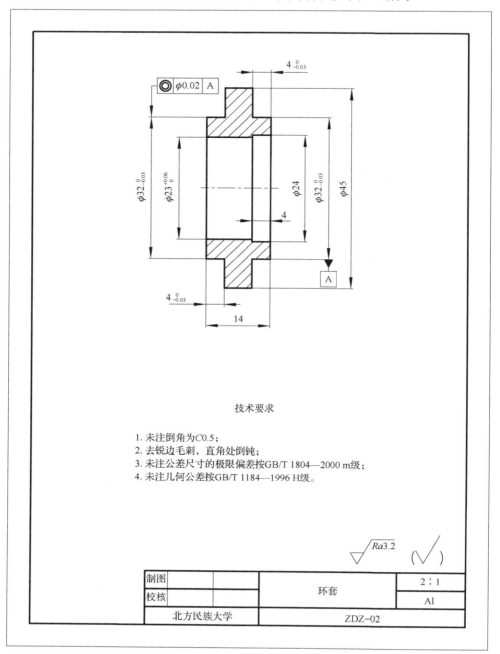

图 4-5 环套零件图

（1）创建一个圆柱体，修改参数使其直径为 45mm，长度为 6mm，调整为标准轴测图方向，如图 4-6（a）所示。

（2）在第（1）步创建的圆柱体左、右端面各创建一个圆柱体，两个圆柱体的尺寸相同，修改参数使其直径为 32mm、长度为 4mm，调整为标准轴测图方向，如图 4-6（b）所示。

（3）在环套右端面创建 1 个盲孔，修改参数使其直径为 24mm、深度为 4mm，如图 4-6（c）所示；在上一步创建的盲孔底面继续创建 1 个通孔，修改参数使其直径为 23mm，如图 4-6（d）所示。

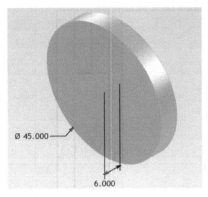

（a）创建直径为45mm、长度为6mm的圆柱体

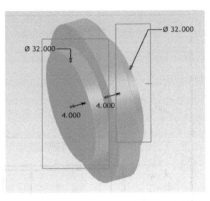

（b）创建2个直径为32mm、长度为4mm的圆柱体

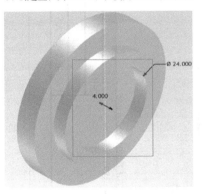

（c）在环套右端面创建1个盲孔

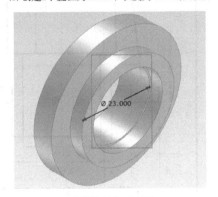

（d）继续创建1个通孔

图 4-6　环套建模过程

（4）环套最终效果如图 4-7 所示。

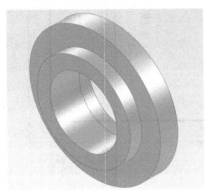

图 4-7　环套最终效果图

4.1.4　锥套建模过程

以下为模具锥顶座 3 号零件锥套的建模过程，其零件图如图 4-8 所示。

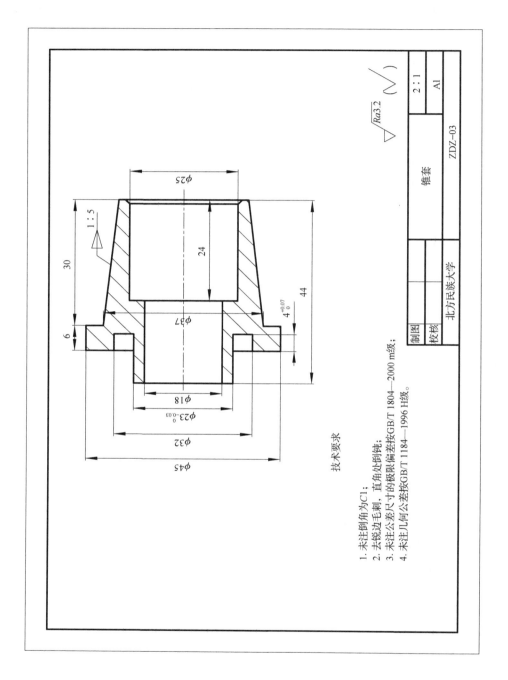

图 4-8　锥套零件图

（1）创建一个二维草图，画出锥套大致轮廓，画出斜度为 1∶10 的辅助直角三角形，利用约束使锥套草图斜边与直角三角形斜边平行，约束剩余线段的尺寸后，效果如图 4-9 所示。

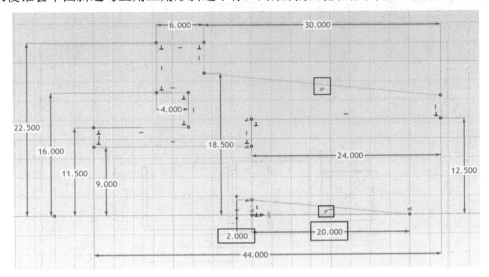

图 4-9　锥套二维草图创建过程

（2）在第（1）步创建的二维草图基础上，使用"旋转特征"创建锥套本体特征，如图 4-10 所示。

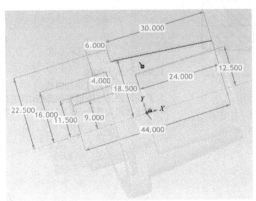

图 4-10　使用旋转特征创建锥套

（3）参照图纸倒角后，锥套最终效果如图 4-11 所示。

图 4-11　锥套最终效果图

4.1.5　锁紧螺杆建模过程

以下为模具锥顶座 4 号零件锁紧螺杆的建模过程，其零件图如图 4-12 所示。

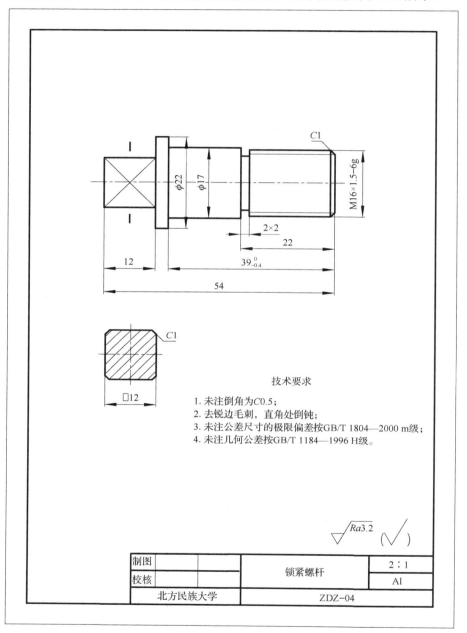

技术要求

1. 未注倒角为C0.5；
2. 去锐边毛刺，直角处倒钝；
3. 未注公差尺寸的极限偏差按GB/T 1804—2000 m级；
4. 未注几何公差按GB/T 1184—1996 H级。

制图		锁紧螺杆	2：1
校核			A1
北方民族大学		ZDZ—04	

图 4-12　锁紧螺杆零件图

（1）创建一个正方体，修改参数使其边长为 12mm，调整为标准轴测图方向，如图 4-13（a）所示。

（2）在正方体右端面中心点处创建一个圆柱体，修改参数使其直径为 22mm、长度为 3mm，如图 4-13（b）所示；在圆柱体右端面中心点处创建一个圆柱体，修改参数使其直径为 17mm、长度为 17mm，如图 4-13（c）所示；在上一步已创建圆柱体右端面中心点处继续创建一个圆柱体，修改参数使其直径为 16mm、长度为 22mm，如图 4-13（d）所示。

（3）在 ϕ16mm 圆柱体左端创建 2mm×2mm 环形槽，如图 4-13（e）所示；在 ϕ16mm 圆柱体剩余部分添加 M16 修饰螺纹，如图 4-13（f）所示。

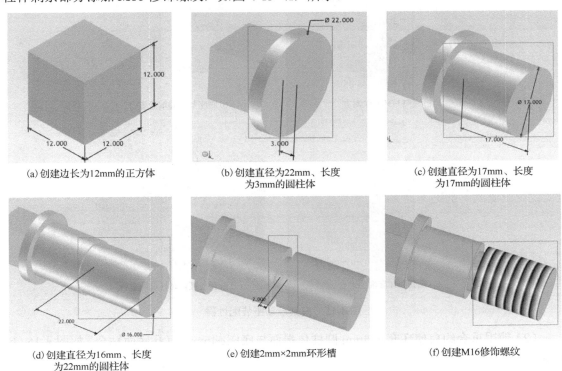

(a) 创建边长为12mm的正方体　　(b) 创建直径为22mm、长度　　　(c) 创建直径为17mm、长度
　　　　　　　　　　　　　　　　为3mm的圆柱体　　　　　　　　为17mm的圆柱体

(d) 创建直径为16mm、长度　　　(e) 创建2mm×2mm环形槽　　　　(f) 创建M16修饰螺纹
　　为22mm的圆柱体

图 4-13　锁紧螺杆建模过程

（4）参照图纸对左侧正方体 4 条直角边进行倒角，对锁紧螺杆右端面倒角，距离均为 1mm，最终效果如图 4-14 所示。

图 4-14　锁紧螺杆最终效果图

4.1.6　模具锥顶座装配过程

（1）在装配环境中插入 1 号零件底座并固定在父节点，之后插入 2 号零件环套，使有 ϕ24mm 沉孔的一侧朝上，使用同轴约束使 2 个零件进行轴对齐，如图 4-15（a）所示。

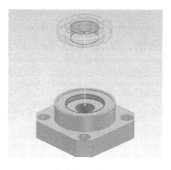

(a) 底座与环套轴对齐   (b) 底座与环套端面重合

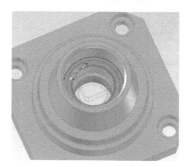

(c) 锥套与环套端面重合   (d) 锥套与锁紧螺杆端面重合

图 4-15   模具锥顶座装配过程

（2）使用重合约束使环套ϕ45mm 圆柱体端面与底座ϕ46mm 沉孔底面贴合，如图 4-15（b）所示。

（3）插入 3 号零件锥套后，使用同轴约束使 2 个零件进行轴对齐，使用重合约束使环套ϕ32mm 圆柱体上端面与锥套ϕ32mm 环形槽底面贴合，如图 4-15（c）所示。

（4）插入 4 号零件锁紧螺杆后，使用同轴约束使 2 个零件进行轴对齐，使用重合约束使锥套ϕ25mm 沉孔底面与锁紧螺杆ϕ22mm 环形底面贴合，如图 4-15（d）所示，装配体效果如图 4-16 所示。

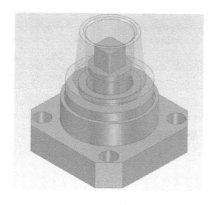

图 4-16   模具锥顶座装配体最终效果图

4.2　旋　塞　阀

本例中我们将对旋塞阀 3 个零件的建模思路逐一讲解，并对照装配图完成三维模型的虚拟装配。

4.2.1　旋塞阀装配图

旋塞阀装配图如图 4-17 所示。

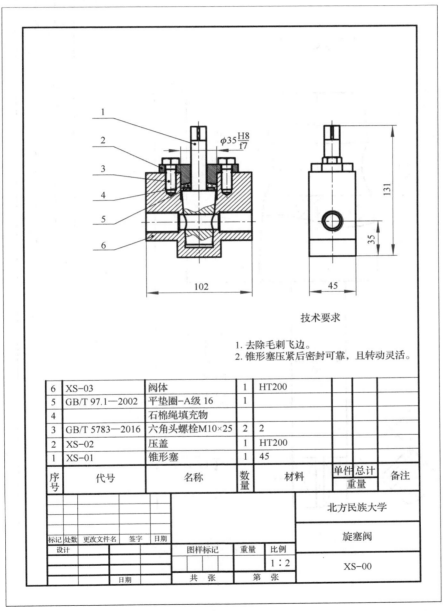

6	XS-03	阀体	1	HT200		
5	GB/T 97.1—2002	平垫圈-A级 16	1			
4		石棉绳填充物				
3	GB/T 5783—2016	六角头螺栓M10×25	2	2		
2	XS-02	压盖	1	HT200		
1	XS-01	锥形塞	1	45		
序号	代号	名称	数量	材料	单件 总计 重量	备注

图 4-17　旋塞阀装配图

4.2.2　锥形塞建模过程

以下为旋塞阀 1 号零件锥形塞的建模过程，其零件图如图 4-18 所示。

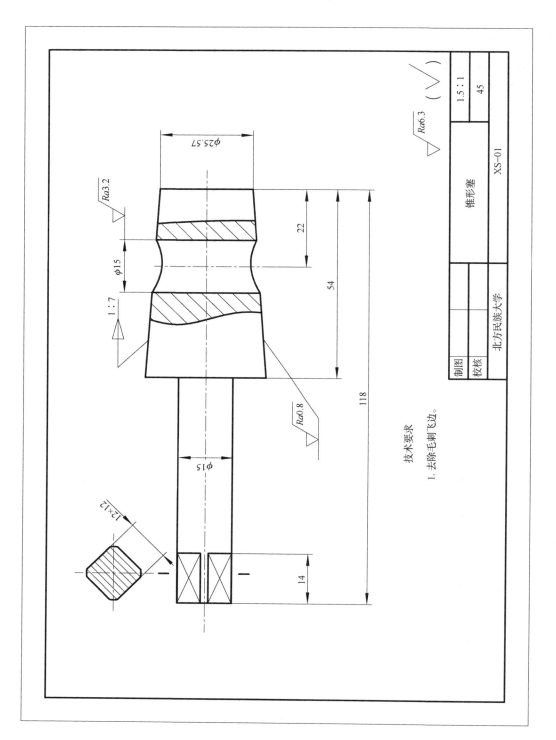

图 4-18　锥形塞零件图

（1）创建一个二维草图，画出锥形塞大致轮廓，画出斜度为 1∶14 的辅助直角三角形，利用约束使锥形塞草图斜边与直角三角形斜边平行，约束剩余线段的尺寸后，完成草图创建，如图 4-19（a）所示。

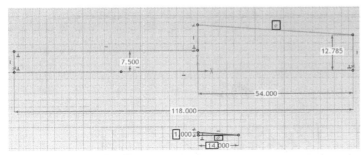

(a) 创建锥形塞二维草图　　　　　　　　　　(b) 创建锥形塞旋转特征

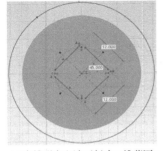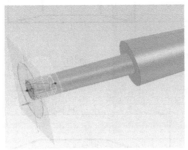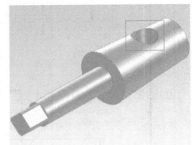

(c) 在锥形塞左端面创建二维草图　(d) 在锥形塞左端面创建拉伸切除特征　(e) 创建直径为15mm的通孔

图 4-19　锥形塞建模过程

（2）在第（1）步创建的二维草图基础上，使用"旋转特征"创建锥形塞本体特征，如图 4-19（b）所示。

（3）在锥形塞左端面创建一个中心矩形，修改参数使其长度为 12mm、宽度为 12mm，旋转该矩形 45°，继续绘制任意大小的圆，只要比锥形塞左端面圆形轮廓稍大即可，如图 4-19（c）所示；在第（1）步创建的二维草图基础上，使用"拉伸切除"命令，拉伸高度值为 14mm，如图 4-19（d）所示。

（4）创建ϕ15mm 圆柱通孔，孔心距离锥形塞右端面为 22mm，如图 4-19（e）所示，锥形塞最终效果如图 4-20 所示。

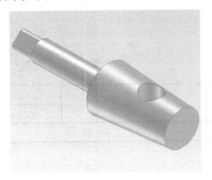

图 4-20　锥形塞最终效果图

· 112 ·　　　　　　　　　　　计算机辅助设计实践教程

4.2.3　压盖建模过程

以下为旋塞阀 2 号零件压盖的建模过程，其零件图如图 4-21 所示。

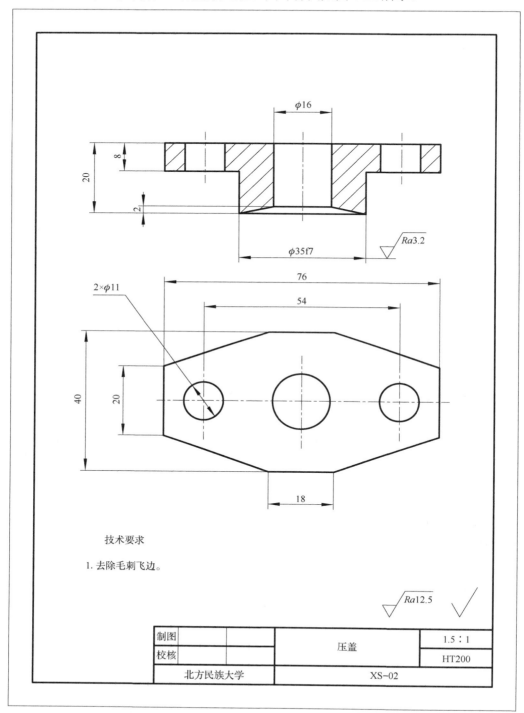

图 4-21　压盖零件图

（1）创建一个二维草图，画出压盖上端面轮廓，约束全部尺寸后，完成草图创建，如图 4-22（a）所示；使用"拉伸"命令创建压盖上端面，高度为 8mm，如图 4-22（b）所示。

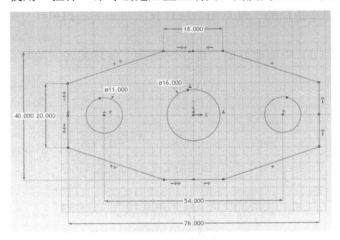

(a)创建压盖上端面二维草图

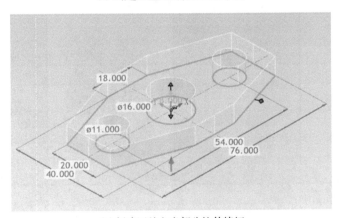

(b)创建压盖上半部分拉伸特征

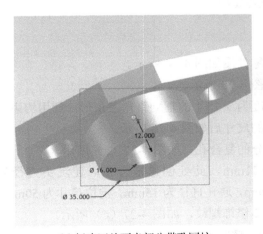

(c)创建压盖下半部分带孔圆柱

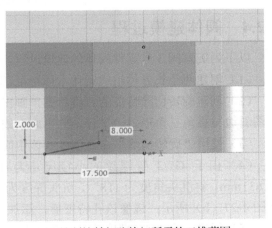

(d)绘制旋转切除特征所需的二维草图

图 4-22　压盖建模过程

（2）在第（1）步创建的拉伸特征下端面中点处创建一个圆柱体，直径为 35mm、高度为 12mm，继续创建一个直径为 16mm 的通孔，如图 4-22（c）所示。

（3）创建旋转切除特征的二维草图，注意只能画一半，约束尺寸后完成草图创建，如图 4-22（d）所示。

（4）在图 4-22（d）中创建好的二维草图基础上创建旋转切除特征，压盖最终效果如图 4-23 所示。

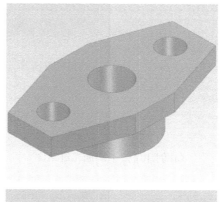

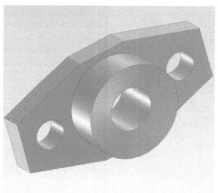

图 4-23　压盖最终效果图

4.2.4　阀体建模过程

以下为旋塞阀 3 号零件阀体的建模过程，其零件图如图 4-24 所示。

（1）创建两个长方体组成阀体本体特征，如图 4-25 所示。

（2）创建旋转切除特征的二维草图，画出斜度为 1：14 的辅助直角三角形，利用约束使草图斜边与直角三角形斜边平行，约束剩余线段的尺寸后如图 4-26 所示。

（3）使用"旋转切除"命令创建阀体中间部分的复合孔，如图 4-27（a）所示。

（4）由于 G1/2 管螺纹的小径尺寸为 18.631mm，此处创建复合孔，使沉头直径为 18.631mm，斜沉头角度为 118°，沉头深度为 31mm，通孔直径为 15mm，定位尺寸为 50mm，如图 4-27（b）所示；镜像该孔特征后，添加 G1/2 修饰螺纹，如图 4-27（c）所示。

（5）创建 2 个 M10 螺纹孔，孔深度为 20mm，螺纹深度为 16mm，定位尺寸为 54mm，如图 4-27（d）所示。

（6）阀体最终效果如图 4-28 所示。

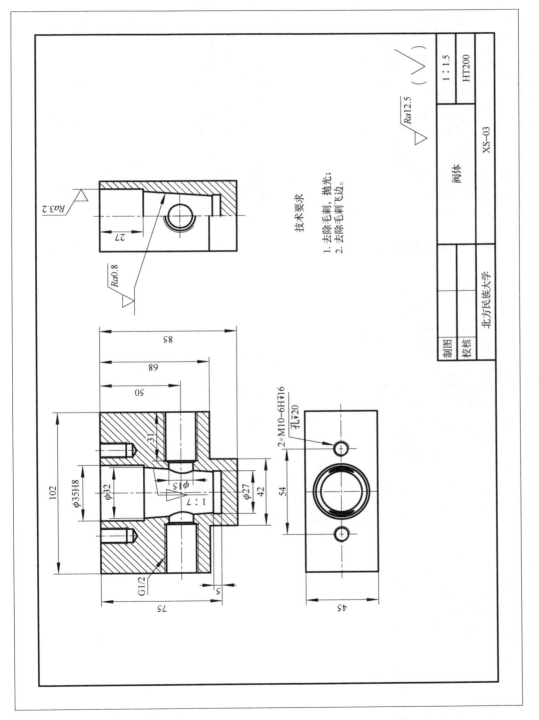

图 4-24 阀体零件图

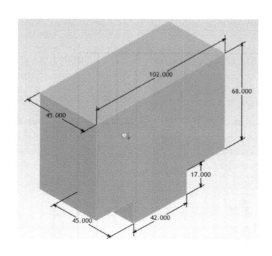

图 4-25　阀体本体特征

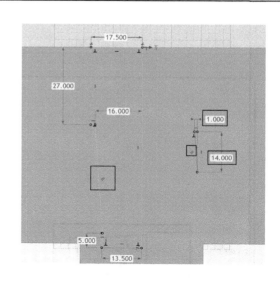

图 4-26　创建旋转切除特征的二维草图

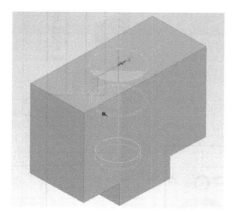

(a)使用"旋转切除"命令创建复合孔

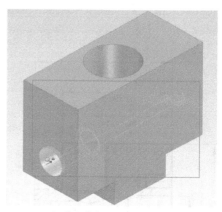

(b)使用自定义孔创建复合孔

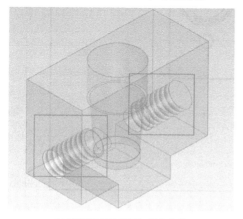

(c)镜像复合孔后添加修饰螺纹

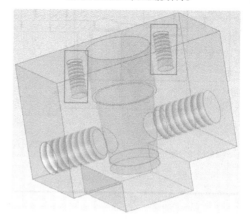

(d)创建2个M10螺纹孔

图 4-27　阀体剩余特征建模过程

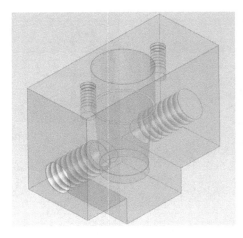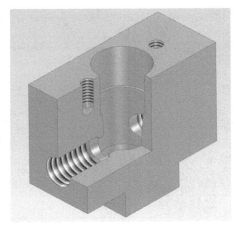

图 4-28　阀体最终效果图

4.2.5　旋塞阀装配过程

（1）在装配环境中插入 6 号零件阀体并固定在父节点，之后插入 1 号零件锥形塞，使用同轴约束使锥形塞与阀体ϕ32mm 的孔进行轴对齐，如图 4-29（a）所示；继续使用同轴约束使 2 个零件ϕ15mm 的孔进行轴对齐，如图 4-29（b）所示。

（2）从标准件库调入平垫圈 M16.0×3.0，使用同轴约束使平垫圈与锥形塞上半部分进行轴对齐，如图 4-29（c）所示；使用重合约束使平垫圈下端面与锥形塞上端面贴合，如图 4-29（d）所示。

（3）根据压盖与平垫圈之间的空隙自行创建石棉绳填充物后插入装配环境下，使用同轴约束使石棉绳与锥形塞进行轴对齐，如图 4-29（e）所示；使用重合约束使平垫圈与石棉绳端面重合，如图 4-29（f）所示。

（4）插入 2 号零件压盖后，使用同轴约束使锥形塞与压盖中部ϕ16mm 的孔进行轴对齐，如图 4-29（g）所示；使用重合约束使阀体与压盖上、下端面重合，如图 4-29（h）所示。

（5）从标准件库调入六角头螺栓 M10.0×25.0，使用同轴约束使螺栓与压盖ϕ11mm 的孔进行轴对齐，如图 4-29（i）所示；使用重合约束使压盖与螺栓上、下端面重合，如图 4-29（j）所示。

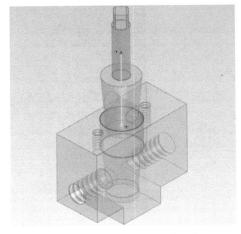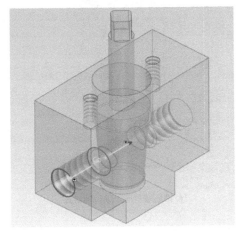

(a)锥形塞与阀体中心孔进行轴对齐　　　　　　　　　　(b)锥形塞孔与阀体管螺纹孔进行轴对齐

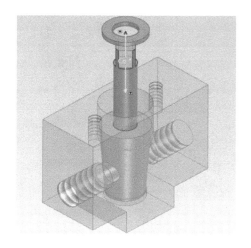

(c)锥形塞与平垫圈进行轴对齐

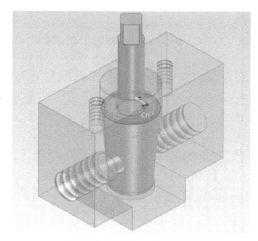

(d)平垫圈与锥形塞端面重合

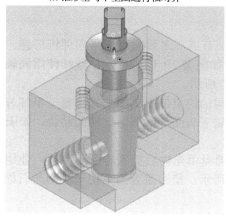

(e)石棉绳与锥形塞进行轴对齐

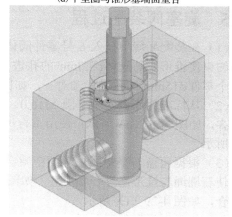

(f)平垫圈与石棉绳端面重合

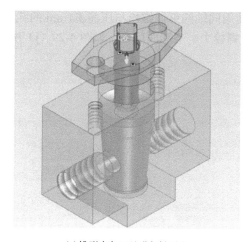

(g)锥形塞与压盖进行轴对齐

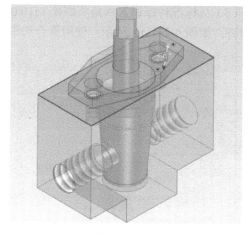

(h)阀体与压盖端面重合

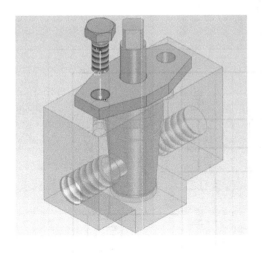
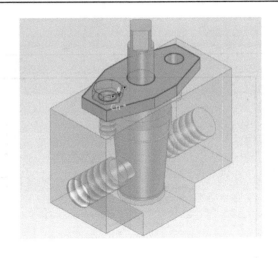

(i)压盖与螺栓进行轴对齐　　　　　　　　　　　(j)压盖与螺栓端面重合

图 4-29　旋塞阀装配过程

（6）重复第（5）步，继续安装另外一个螺栓后，装配体最终效果如图 4-30 所示。

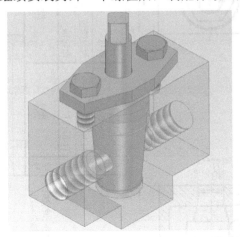

图 4-30　旋塞阀装配体最终效果图

4.3　凸 轮 机 构

本例中我们将对凸轮机构的 4 个零件的建模思路逐一讲解，并对照装配图完成三维模型的虚拟装配。

4.3.1　凸轮机构装配图

凸轮机构的装配图如图 4-31 所示。

4.3.2　凸轮轴建模过程

以下为凸轮机构 1 号零件凸轮轴的建模过程，其零件图如图 4-32 所示。

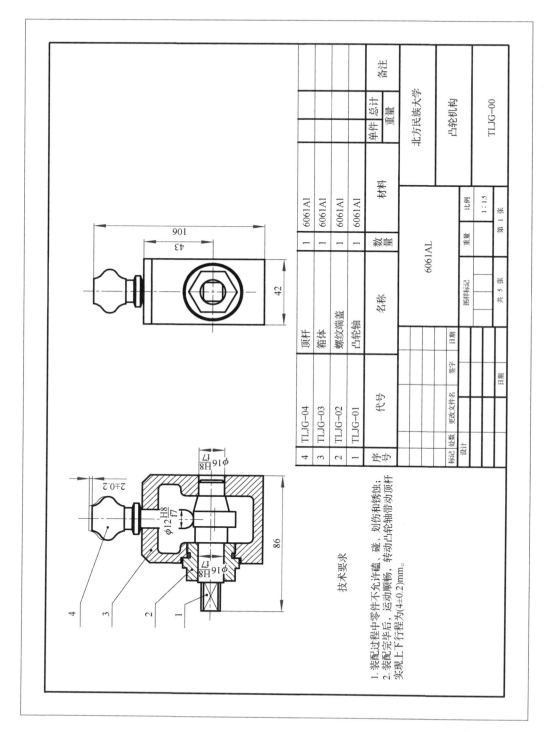

技术要求

1. 装配过程中零件不允许磕、碰、划伤和锈蚀；
2. 装配完毕后，运动顺畅，转动凸轮轴带动顶杆
实现上下行程为(4±0.2)mm。

序号	代号	名称	数量	材料	单件	总计	备注
					重量		
4	TLJG-04	顶杆	1	6061Al			
3	TLJG-03	箱体	1	6061Al			
2	TLJG-02	螺纹端盖	1	6061Al			
1	TLJG-01	凸轮轴	1	6061Al			

			北方民族大学		
	6061AL		凸轮机构		
图样标记	重量	比例		TLJG-00	
		1∶1.5			
设计		共 5 张	第 1 张		
标记 处数 更改文件名 签字 日期					
		日期			

图 4-31　凸轮机构装配图

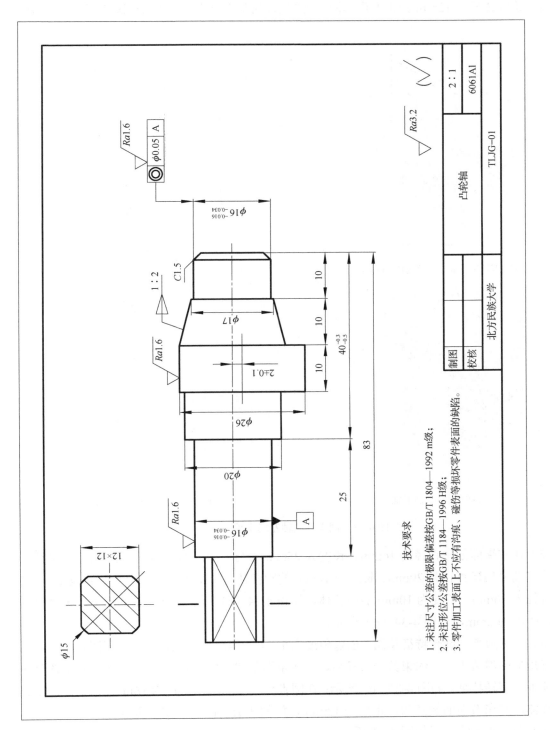

技术要求

1. 未注尺寸公差的极限偏差按GB/T 1804—1992 m级;
2. 未注形位公差按GB/T 1184—1996 H级;
3. 零件加工表面上不应有沟痕、碰伤等损坏零件表面的缺陷。

图 4-32　凸轮轴零件图

（1）由于凸轮轴属于轴套类零件，本例采用分段建模法，先创建左端直径为 15mm 的圆柱，然后绘制边长为 12mm 的正方形草图，做"拉伸切除"处理后的效果如图 4-33（a）～（d）所示。

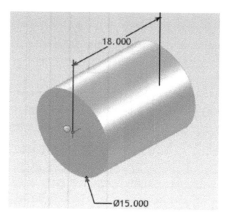

(a) 创建直径为15mm、长度为18mm的圆柱体

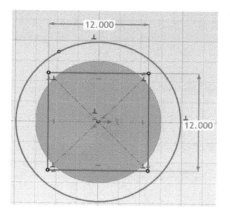

(b) 绘制边长为12mm的中心矩形与外围图形

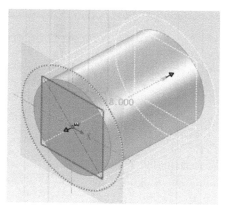

(c) 创建拉伸切除特征

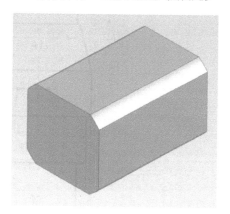

(d) 创建完成凸轮轴左端特征

图 4-33　创建凸轮轴左端支承部分

（2）在右端面创建直径为 16mm、长度为 25mm 的圆柱体，如图 4-34（a）所示；继续在圆柱体右端面创建直径为 20mm、长度为 10mm 的圆柱体，如图 4-34（b）所示；重复上一步，创建直径为 26mm、长度为 10mm 的圆柱体，如图 4-34（c）所示；沿 Z 轴向正下方平移该圆柱体，距离为 2mm，如图 4-34（d）所示。

（3）绘制圆锥台旋转特征草图，创建斜度为 1∶4 的辅助直角三角形，使草图斜边与辅助直角三角形的斜边平行，约束其余尺寸后，完成草图创建，如图 4-35（a）所示；基于该草图创建圆锥台旋转特征，如图 4-35（b）所示；在圆锥台右端面创建直径为 16mm、长度为 10mm 的圆柱体，并在右端面倒直角，距离为 1.5mm，如图 4-35（c）和（d）所示。

（4）凸轮轴最终效果如图 4-36 所示。

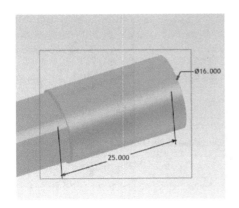

(a) 创建直径为16mm、长度为25mm的圆柱体

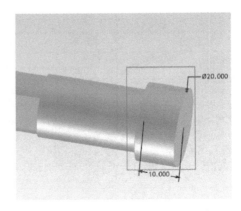

(b) 创建直径为20mm、长度为10mm的圆柱体

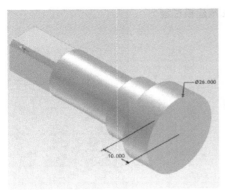

(c) 创建直径为26mm、长度为10mm的圆柱体

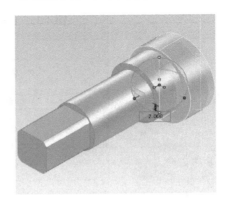

(d) 垂直平移该圆柱体，距离为2mm

图 4-34 从左往右创建至圆形凸轮部分

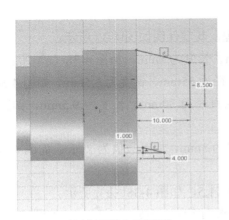

(a) 创建圆锥台二维草图

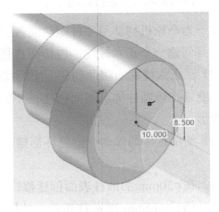

(b) 生成圆锥台旋转特征

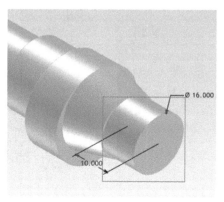

(c) 创建直径为16mm、长度为10mm的圆柱体

(d) 圆柱体右端面倒直角C1.5mm

图 4-35　凸轮轴右端支承建模过程

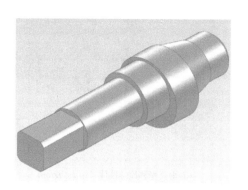

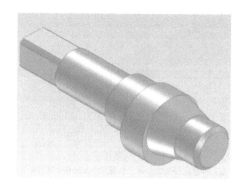

图 4-36　凸轮轴最终效果图

4.3.3　螺纹端盖建模过程

以下为凸轮机构 2 号零件螺纹端盖的建模过程，其零件图如图 4-37 所示。

（1）创建一个正六棱柱，内切圆直径为 26mm、长度为 8mm，如图 4-38（a）所示。

（2）在正六棱柱右端面创建一个圆柱体，其直径为 35mm、长度为 6.5mm，如图 4-38（b）所示；继续在该圆柱体右端面创建一个圆柱体，其直径为 30mm、长度为 9.5mm，如图 4-38（c）所示。

（3）使用拉伸切除命令创建环形槽，拉伸高度为 3mm，加厚数值为 2mm，如图 4-38（d）所示。

（4）在 ϕ30mm 的圆柱表面创建修饰螺纹 M30×1.5，如图 4-38（e）所示。

（5）创建 ϕ16mm 的圆柱通孔，并根据图纸要求倒直角 1.5mm、0.5mm，如图 4-38（f）所示。

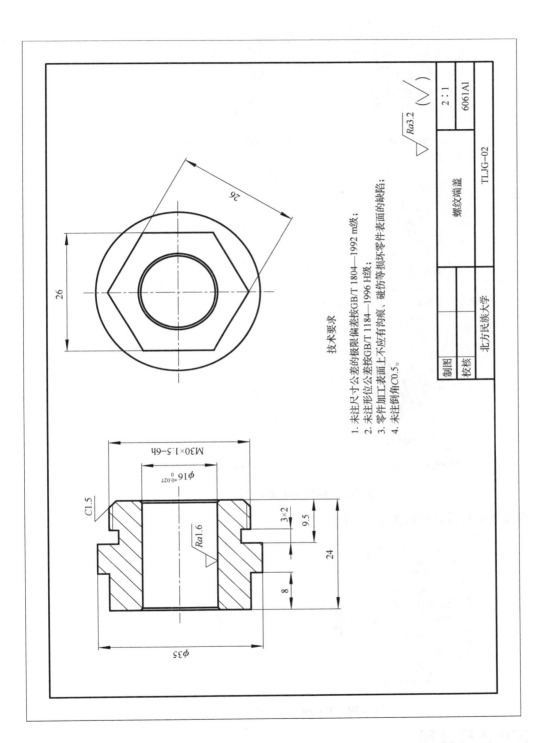

技术要求
1. 未注尺寸公差的极限偏差按差按GB/T 1804—1992 m级；
2. 未注形位公差按GB/T 1184—1996 H级；
3. 零件加工表面上不应有沟槽、碰伤等损坏零件表面的缺陷；
4. 未注倒角C0.5。

图 4-37　螺纹端盖零件图

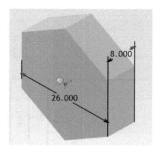

(a)创建一个正六棱柱

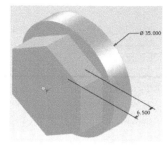

(b)创建直径为35mm、长度为6.5mm的圆柱体

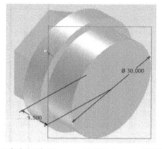

(c)创建直径为30mm、长度为9.5mm的圆柱体

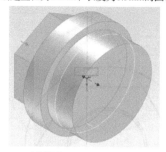

(d)创建3mm×2mm环形槽

(e)创建M30×1.5mm修饰螺纹

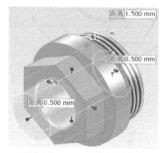

(f)创建φ16mm通孔及倒直角

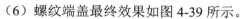

图 4-38　螺纹端盖建模过程

（6）螺纹端盖最终效果如图 4-39 所示。

图 4-39　螺纹端盖最终效果图

4.3.4　箱体建模过程

以下为凸轮机构 3 号零件箱体的建模过程，其零件图如图 4-40 所示。

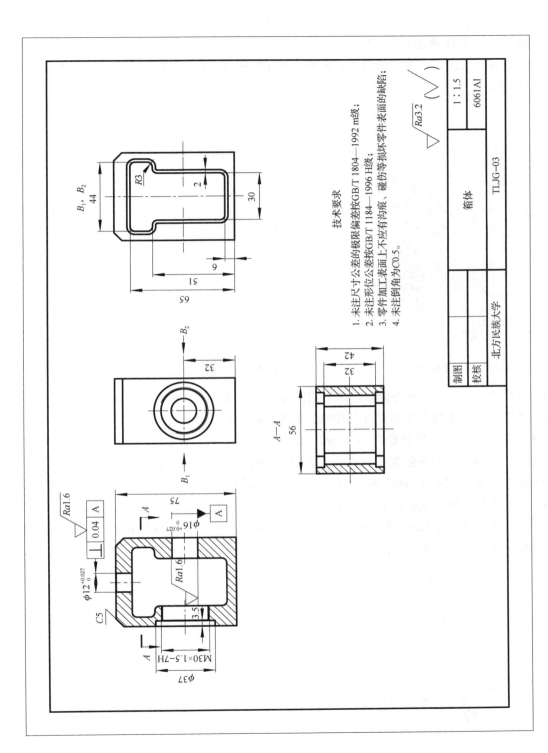

技术要求

1. 未注尺寸公差的极限偏差按GB/T 1804—1992 m级;
2. 未注形位公差按GB/T 1184—1996 H级;
3. 零件加工表面上不应有沟痕、碰伤等损坏零件表面的缺陷;
4. 未注倒角为C0.5。

			箱体		TLJG-03			$\sqrt{Ra3.2}$ $(\sqrt{\quad})$
制图								1:1.5
校核								6061Al
		北方民族大学						

图 4-40　箱体零件图

· 128 ·　　　　　　　　　　　计算机辅助设计实践教程

（1）创建一个长方体作为箱体本体特征，修改参数使其长度为 56mm、宽度为 42mm、高度为 75mm，如图 4-41 所示。

（2）创建拉伸切除特征的二维草图，画出一半并约束尺寸后，镜像另一半完成草图创建，如图 4-42 所示。

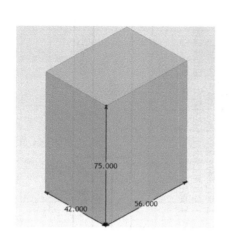

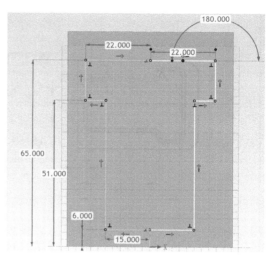

图 4-41　箱体本体特征　　　　　图 4-42　创建拉伸切除特征的二维草图

（3）使用"拉伸切除"命令创建箱体中间部分的 T 形通孔，如图 4-43（a）所示；创建二维草图，使用投影约束提取 T 形通孔外轮廓，如图 4-43（b）所示；使用"等距"命令，向外侧创建 T 形通孔外轮廓，偏移距离为 2mm，如图 4-43（c）所示；删除投影约束产生的轮廓后，使用"拉伸切除"命令创建 T 形沉孔，深度为 5mm，如图 4-43（d）所示。

（4）创建直径为 37mm、深度为 3.5mm 的沉孔，孔心距离下端面为 32mm，如图 4-44（a）所示；继续创建直径为 25.5mm 的通孔，其中 ϕ25.5 为 M30×1.5 螺纹孔的小径尺寸，如图 4-44（b）所示；添加 M30×1.5mm 修饰螺纹，如图 4-44（c）所示；创建 ϕ16mm 通孔，且与前面两个孔同轴，如图 4-44（d）所示。

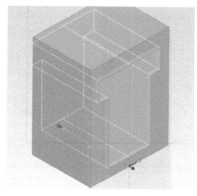

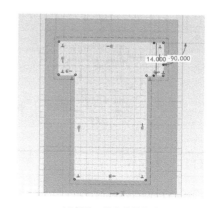

(a)创建T形通孔　　　　　　　　　(b)提取T形通孔外轮廓

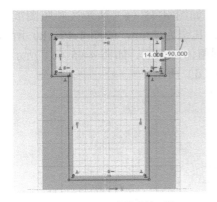

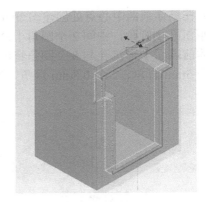

(c) 创建T形通孔外轮廓等距线　　　　　　　　　(d) 创建前端面T形沉孔

图 4-43　创建 T 形通孔与沉孔

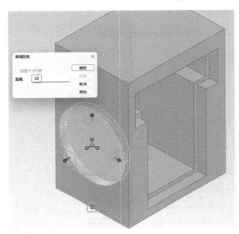

(a) 创建直径为37mm的沉孔　　　　　　　　　(b) 创建直径为25.5mm的通孔

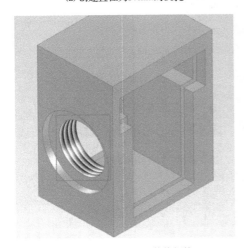

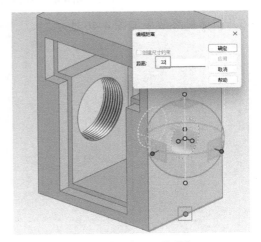

(c) 添加M30×1.5mm修饰螺纹　　　　　　　　　(d) 创建直径为16mm的通孔

图 4-44　创建箱体圆柱光孔及螺纹孔特征

（5）在箱体顶部中心点处创建ϕ12mm 的通孔，如图 4-45（a）所示；参照图纸对箱体前端面 T 形沉孔倒圆角，中间 2 个圆角半径为 2mm，其余为 5mm，如图 4-45（b）所示；同时选中箱体前端面 T 形沉孔与 8 个圆角特征，镜像到箱体后端面，如图 4-45（c）所示；参照图纸倒 1 个 5mm 直角、2 个 0.5mm 直角，如图 4-45（d）所示。

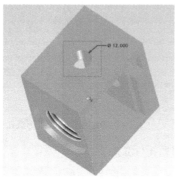

(a) 创建顶部直径为12mm的通孔

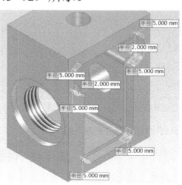

(b) 前端面T形沉孔倒圆角

(c) 镜像前端面T形沉孔与圆角

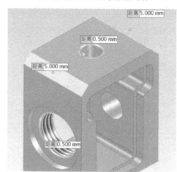

(d) 创建5mm、0.5mm的倒角

图 4-45　箱体剩余部分建模过程

（6）箱体最终效果如图 4-46 所示。

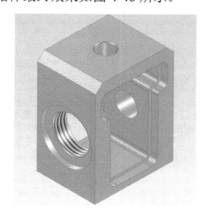

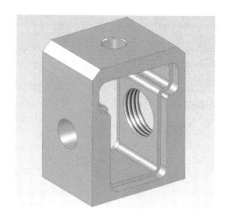

图 4-46　箱体最终效果图

4.3.5　顶杆建模过程

以下为凸轮机构 4 号零件顶杆的建模过程，其零件图如图 4-47 所示。

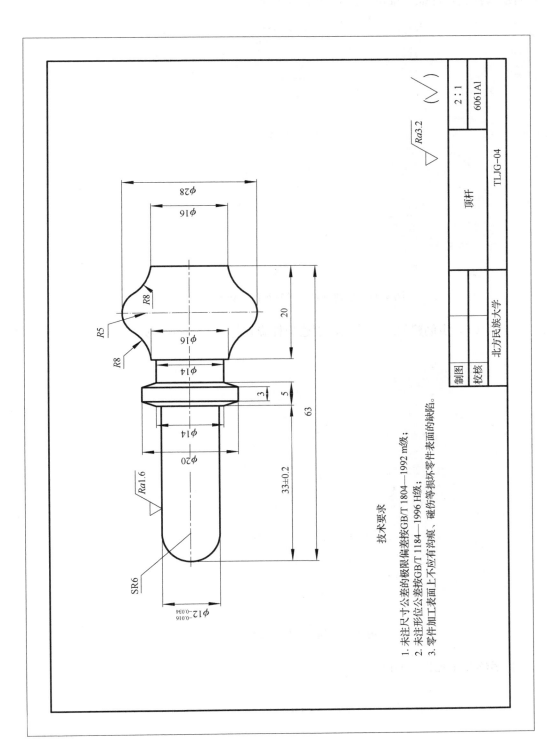

技术要求

1. 未注尺寸公差的极限偏差按GB/T 1804—1992 m级线；
2. 未注形位公差按GB/T 1184—1996 H级线；
3. 零件加工表面上不应有沟痕、碰伤等损坏零件表面的缺陷。

		$\sqrt{Ra3.2}$	
	顶杆		$(\sqrt{\ })$
			2 : 1
			6061A1
制图			TLJG-04
校核			
	北方民族大学		

图 4-47　顶杆零件图

（1）创建顶杆旋转特征二维草图，如图 4-48 所示。

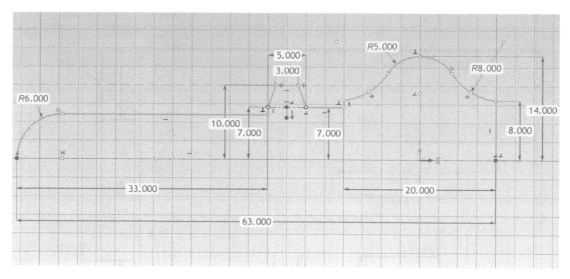

图 4-48　创建顶杆旋转特征的二维草图

（2）基于第（1）步创建的二维草图，创建顶杆旋转特征，如图 4-49 所示。

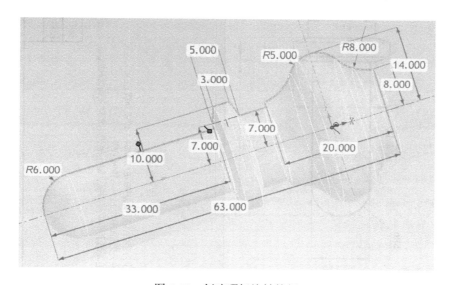

图 4-49　创建顶杆旋转特征

（3）顶杆最终效果如图 4-50 所示。

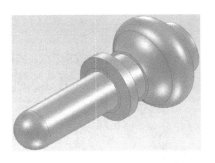

图 4-50　顶杆最终效果图

4.3.6　凸轮机构装配过程

（1）在装配环境中插入 3 号零件箱体并固定在父节点，之后插入 1 号零件凸轮轴，使用同轴约束使凸轮轴与箱体左侧 ϕ37mm 的孔两者轴对齐，如图 4-51（a）所示；然后使用重合约束使凸轮轴圆锥台右端面与箱体右侧内壁贴合，如图 4-51（b）所示。

（2）插入 2 号零件螺纹端盖，使用同轴约束使凸轮轴与螺纹端盖 ϕ16mm 的孔、轴两者轴对齐，如图 4-51（c）所示；然后使用重合约束使螺纹端盖 ϕ35mm 圆环右端面与箱体左侧 ϕ37mm 的沉孔底面贴合，如图 4-51（d）所示。

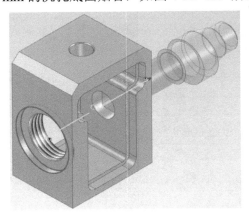

（a）凸轮轴与箱体左侧直径为37mm的孔两者轴对齐

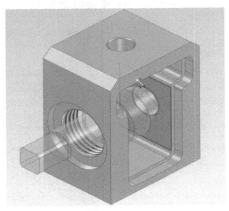

（b）凸轮轴圆锥台右端面与箱体右侧内壁贴合

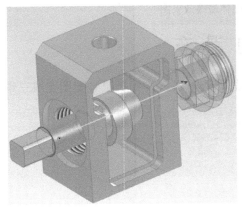

（c）凸轮轴与螺纹端盖两者轴对齐

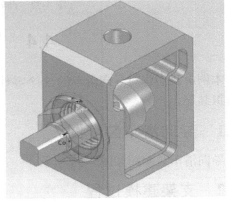

（d）螺纹端盖与箱体直径为37mm的沉孔底面贴合

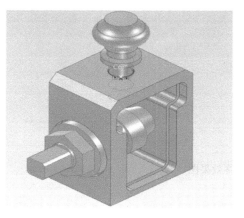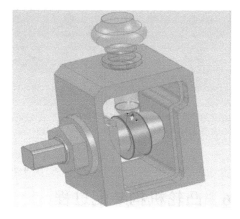

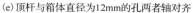

（e）顶杆与箱体直径为12mm的孔两者轴对齐　　　　　　　（f）顶杆球面与凸轮相切

图 4-51　凸轮机构装配过程

（3）插入 4 号零件顶杆，使用同轴约束使顶杆与箱体上部 $\phi12mm$ 的孔两者轴对齐，如图 4-51（e）所示；然后使用相切约束使顶杆下方 SR6 球面与凸轮轴上 $\phi26mm$ 偏心圆柱曲面相切，如图 4-51（f）所示。

（4）凸轮机构装配体最终效果如图 4-52 所示。

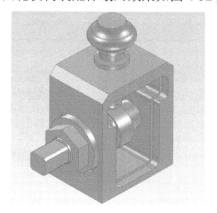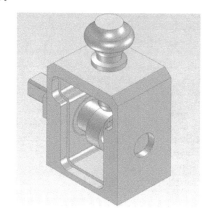

图 4-52　凸轮机构装配体最终效果图

4.4　导 向 滑 车

本例中我们将对导向滑车的 5 个零件的建模思路逐一讲解，并对照装配图完成三维模型的虚拟装配。

4.4.1　导向滑车装配图

导向滑车装配图如图 4-53 所示。

4.4.2　支架建模过程

以下为导向滑车 1 号零件支架的建模过程，其零件图如图 4-54 所示。

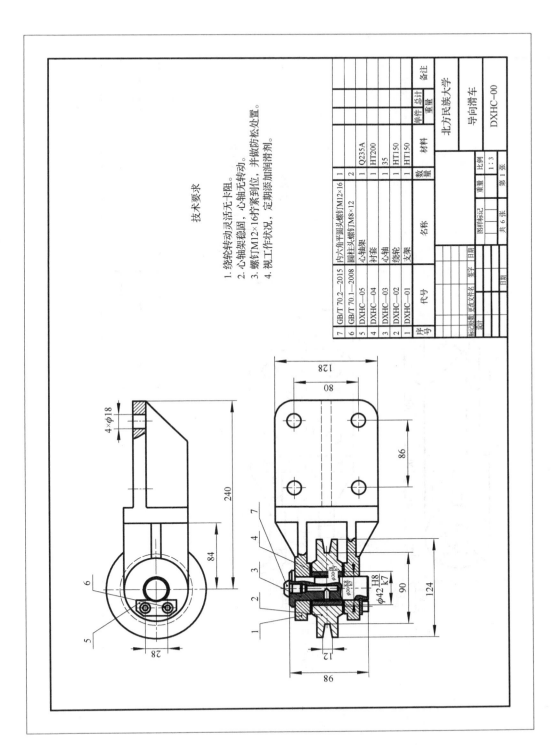

序号	代号	名称	数量	材料	单件	总计	备注
					重量		
7	GB/T 70.2—2015	内六角平圆头螺钉M12×16	1				
6	GB/T 70.1—2008	圆柱头螺钉M8×12	2				
5	DXHC—05	心轴架	1	Q235A			
4	DXHC—04	衬套	1	HT200			
3	DXHC—03	心轴	1	35			
2	DXHC—02	绕轮	1	HT150			
1	DXHC—01	支架	1	HT150			

			北方民族大学	
			导向滑车	
标记 处数	更改文件名	签字 日期		
设计		图样标记	重量	比例
				1:3
		共 6 张	第 1 张	
		日期		
			DXHC—00	

技术要求

1. 绕轮转动灵活无卡阻。
2. 心轴架稳固，心轴无转动。
3. 螺钉M12×16拧紧到位，并做防松处置。
4. 视工作状况，定期添加润滑剂。

4×φ18

240

84

28

6

5

128

80

86

7
4
3
2
1

124

90

φ42 H8/k7

φ30 H8/k7

12

86

图 4-53　导向滑车装配图

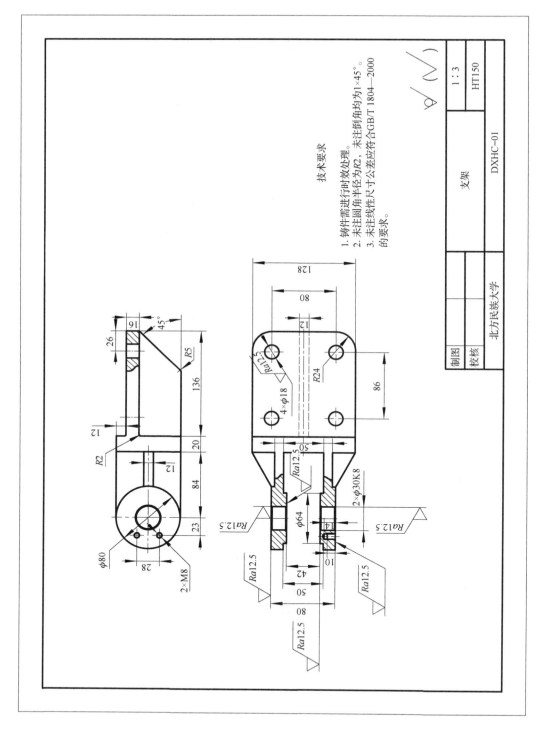

技术要求

1. 铸件需进行时效处理。
2. 未注圆角半径为R2，未注倒角均为1×45°。
3. 未注线性尺寸公差应符合GB/T 1804—2000的要求。

北方民族大学		支架	
制图			1：3
校核		DXHC-01	HT150

图 4-54　支架零件图

（1）创建中间部位的立板，修改参数使其长度为 20mm、宽度为 128mm、高度为 80mm，如图 4-55（a）所示；继续在图 4-55（a）中的长方体右端面创建一长方体，修改参数使其长度为 136mm、宽度为 128mm、高度为 16mm，定位尺寸为 12mm，如图 4-55（b）所示；绘制支架右下方筋板特征的二维草图，如图 4-55（c）所示；基于该草图创建筋板特征，厚度为 12mm，如图 4-55（d）所示。

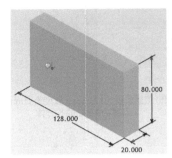

(a)创建长度为20mm、宽度为128mm、
高度为80mm的长方体

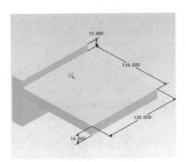

(b)创建长度为136mm、宽度为128mm、
高度为16mm的长方体

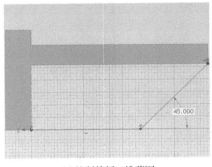

(c)绘制筋板二维草图

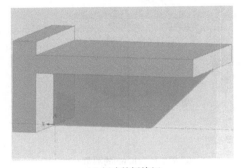

(d)创建筋板特征

图 4-55　创建支架右侧特征

（2）在右侧平板上方创建 4 个 ϕ18mm 的圆柱孔，长度方向上的定位尺寸分别为 86mm、26mm，宽度方向上的定位尺寸分别为 80mm、24mm，如图 4-56（a）所示；在中间立板左端面创建长度为 124mm、宽度为 11mm、高度为 80mm 的长方体，定位尺寸为 28mm，如图 4-56（b）所示；随后对该长方体左端面倒圆角，半径为 40mm，如图 4-56（c）所示；继续在该长方体左端面圆心处，前后各创建一个圆柱体，前方圆柱体的直径为 80mm、长度为 4mm，后方圆柱体的直径为 64mm、长度为 4mm，如图 4-56（d）、（e）所示；绘制支架左前方筋板特征的二维草图，如图 4-56（f）所示。

（3）基于图 4-56（f）中的二维草图创建筋板特征，厚度为 12mm，如图 4-57（a）所示；在支架左侧立板圆心处创建 ϕ30mm 通孔并倒直角，距离为 1mm，如图 4-57（b）所示；随后选中支架左侧立板周围全部特征，镜像另一半，如图 4-57（c）所示；在支架左前方立板前表面创建 2 个 M8 螺纹孔，定位尺寸分别为 23mm、28mm，如图 4-57（d）所示。

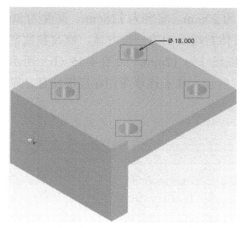

(a) 创建4个直径为18mm的圆柱孔

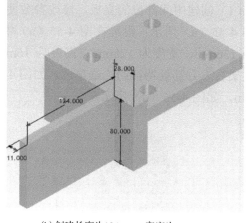

(b) 创建长度为124mm、宽度为11mm、
高度为80mm的长方体

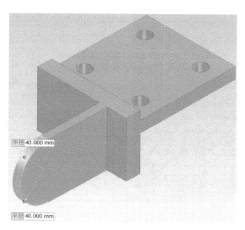

(c) 倒半径为40mm的圆角

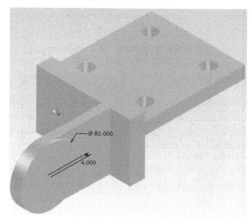

(d) 创建直径为80mm、长度为4mm的圆柱体

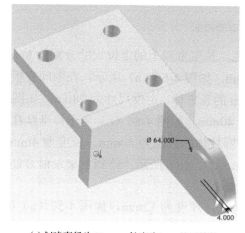

(e) 创建直径为64mm、长度为4mm的圆柱体

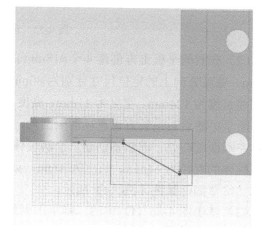

(f) 绘制筋板二维草图

图 4-56　创建支架右侧 4 个圆孔及左前方支撑板

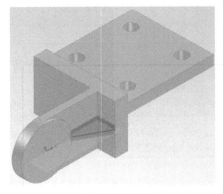

(a) 创建筋板特征

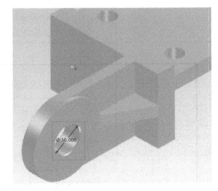

(b) 创建直径为30mm的通孔并倒角C1

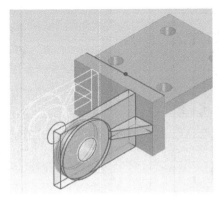

(c) 镜像选中的多个特征

(d) 创建2个M8螺纹孔

图 4-57　支架剩余部分建模过程

（4）参照图纸对支架进行倒圆角操作后，支架最终效果如图 4-58 所示。

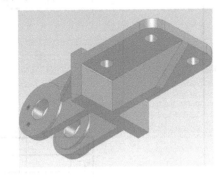

图 4-58　支架最终效果图

4.4.3　绕轮建模过程

以下为导向滑车 2 号零件绕轮的建模过程，其零件图如图 4-59 所示。

（1）画出绕轮旋转特征草图的一半，如图 4-60（a）所示；使用镜像命令完成草图创建后，创建绕轮"旋转特征"，如图 4-60（b）所示。

（2）绕轮最终效果如图 4-61 所示。

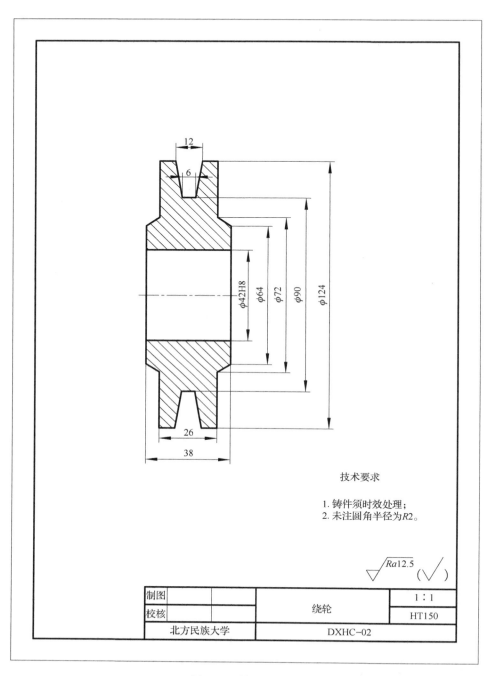

技术要求

1. 铸件须时效处理；
2. 未注圆角半径为R2。

制图			绕轮	1 : 1
校核				HT150
北方民族大学			DXHC-02	

图 4-59　绕轮零件图

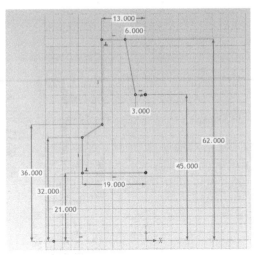

（a）创建一半二维草图

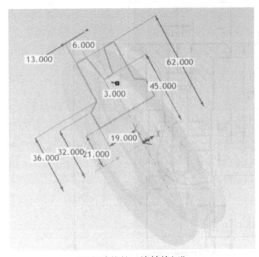

（b）创建绕轮"旋转特征"

图 4-60 绕轮建模过程

图 4-61 绕轮最终效果图

4.4.4 心轴建模过程

以下为导向滑车 3 号零件心轴的建模过程，其零件图如图 4-62 所示。

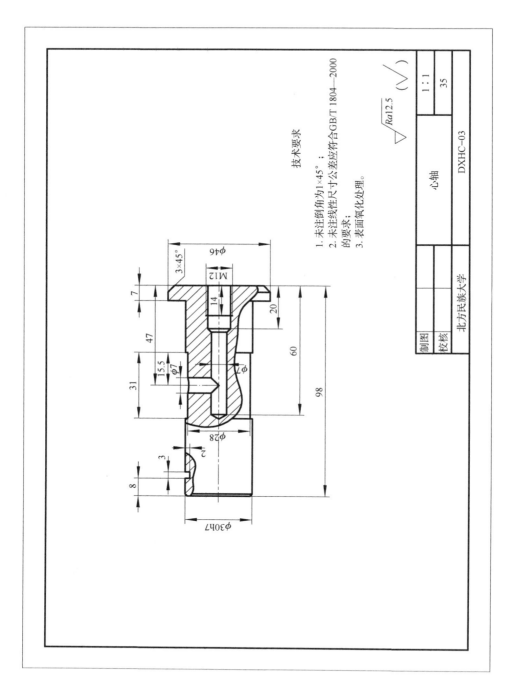

图 4-62　心轴零件图

（1）创建一个圆柱体作为心轴本体特征，修改参数使其直径为 30mm、长度为 91mm，如图 4-63 所示。

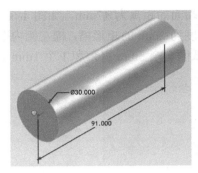

图 4-63　心轴本体特征

（2）在心轴本体特征右端面创建一个圆柱体，修改参数使其直径为 46mm、长度为 7mm，如图 4-64（a）所示。

（3）创建二维草图，使用"投影约束"提取 ϕ30mm 圆柱的外圆轮廓，如图 4-64（b）所示；从右至左平移上一步创建的圆形草图，距离为 47mm，如图 4-64（c）所示；使用"拉伸切除"命令创建环形槽，选择双向拉伸，距离为 15.5mm，单向加厚，数值为 1mm，如图 4-64（d）所示。

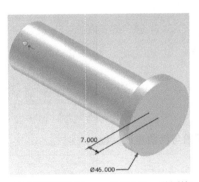

（a）创建直径为46mm、长度为7mm的圆柱

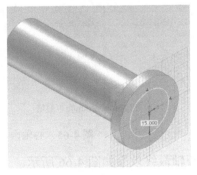

（b）提取直径为30mm圆柱的外圆轮廓

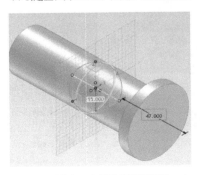

（c）平移上一步创建的圆形草图

（d）创建直径为28mm的环形槽

图 4-64　创建心轴剩余外部特征

（4）在心轴右端面创建一复合孔，其直径为 7mm，深度为 60mm，沉头孔直径为 10.2mm，沉头深度为 20mm，如图 4-65（a）所示；继续创建直径为 7mm 的圆柱孔与上一步创建的复合孔垂直相贯，孔心距心轴右端面的距离为 47mm，如图 4-65（b）所示。

（5）添加长度为 3mm、深度为 2mm 的矩形槽，槽左侧内壁距心轴左端面的距离为 8mm，如图 4-65（c）所示；参照图纸倒 1 个 3mm 直角和 1 个 1mm 直角，如图 4-65（d）所示。

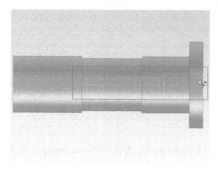
（a）创建复合孔

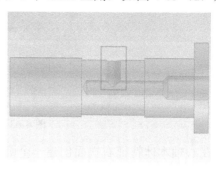
（b）创建直径为7mm的孔且与复合孔垂直相贯

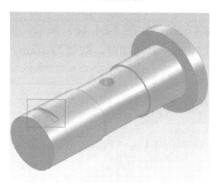
（c）创建3mm×2mm的矩形槽

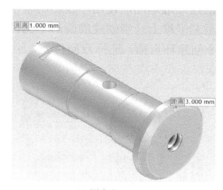
（d）倒直角C1、C3

图 4-65　心轴内部孔及外部槽与倒角建模过程

（6）心轴最终效果如图 4-66 所示。

图 4-66　心轴最终效果图

4.4.5　衬套建模过程

以下为导向滑车 4 号零件衬套的建模过程，其零件图如图 4-67 所示。

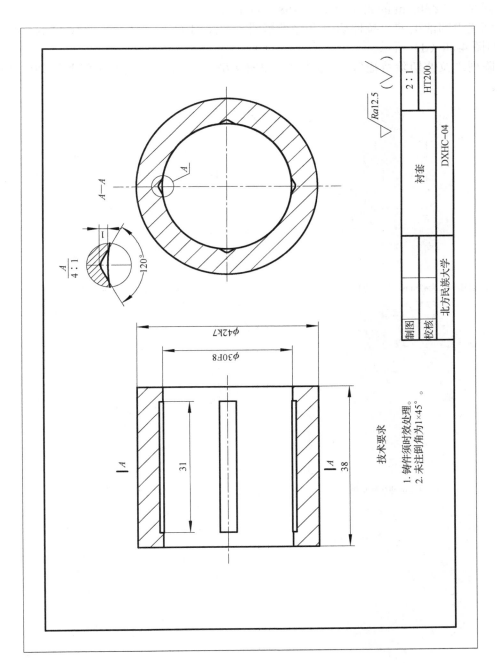

图 4-67　衬套零件图

（1）创建一个圆柱体，修改参数使其直径为 42mm、长度为 38mm，如图 4-68（a）所示。

（2）创建一个 φ30mm 的通孔，如图 4-68（b）所示。

（3）创建内部油槽的"拉伸切除"二维草图，如图 4-68（c）所示；创建"拉伸切除特征"，如图 4-68（d）所示。

（4）阵列"拉伸切除特征"，数量为 4，如图 4-68（e）所示；衬套最终效果如图 4-68（f）所示。

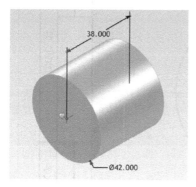

(a)创建直径为42mm、长度为38mm的圆柱体

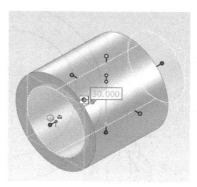

(b)创建直径为30mm的通孔

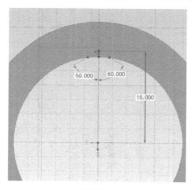

(c)创建拉伸切除草图

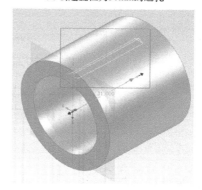

(d)创建拉伸切除特征

(e)阵列拉伸切除特征

(f)衬套最终效果图

图 4-68　衬套建模过程

4.4.6　心轴架建模过程

以下为导向滑车 5 号零件心轴架的建模过程，其零件图如图 4-69 所示。

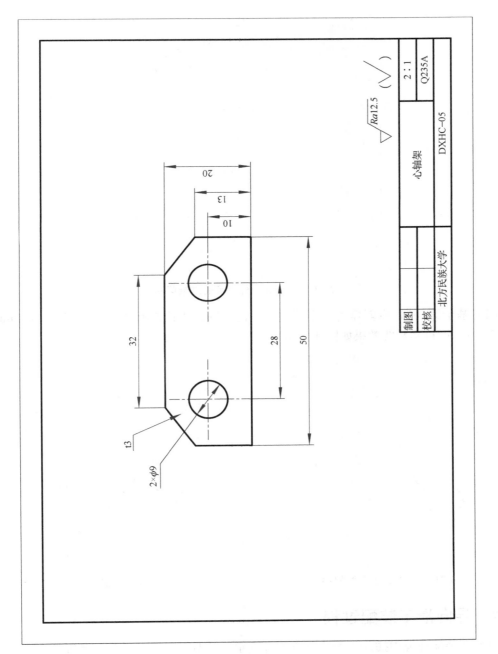

图 4-69　心轴架零件图

（1）创建心轴架拉伸特征二维草图，此处只画出一半，另外一半可以镜像得出，如图 4-70 所示。

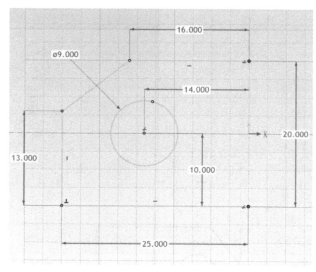

图 4-70　创建拉伸特征的二维草图

（2）基于第（1）步创建的二维草图，创建心轴架"拉伸特征"，拉伸高度为 3mm，如图 4-71 所示；衬套最终效果如图 4-72 所示。

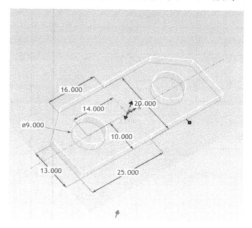

图 4-71　创建心轴架"拉伸特征"

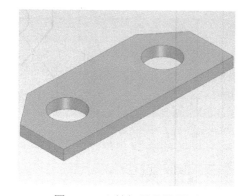

图 4-72　心轴架最终效果图

4.4.7　导向滑车装配过程

（1）在装配环境中插入 1 号零件支架并固定在父节点，之后插入 3 号零件心轴，使用同轴约束使心轴与支架左侧ϕ30mm 的孔两者轴对齐，如图 4-73（a）所示；然后使用重合约束使支架左后方ϕ80mm 圆柱端面与心轴大端ϕ46mm 圆柱内壁贴合，如图 4-73（b）所示。

（2）插入 4 号零件衬套，使用同轴约束使衬套与心轴两者轴对齐，如图 4-73（c）所示；然后使用重合约束使衬套端面与支架左侧ϕ64mm 圆柱内壁贴合，如图 4-73（d）所示；解锁两者重合约束，沿轴线方向平移衬套，使衬套与支架左侧ϕ64mm 圆柱内壁的距离为 2mm，如图 4-73（e）所示。

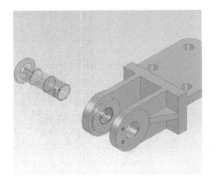
(a)心轴与支架左侧直径为30mm的孔两者轴对齐

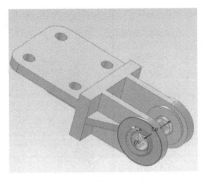
(b)支架与心轴大端内壁贴合

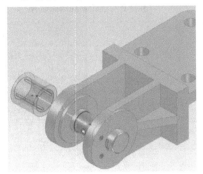
(c)衬套与心轴两者轴对齐

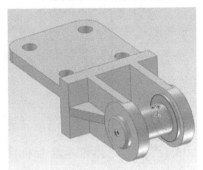
(d)衬套端面与支架内壁贴合

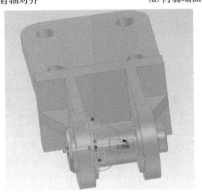
(e)平移衬套，距离为2mm

图 4-73　安装支架、心轴与衬套

（3）插入 2 号零件绕轮，使用同轴约束使衬套与绕轮两者轴对齐，如图 4-74（a）所示；然后使用重合约束使衬套 $\phi42$mm 圆柱端面与绕轮 $\phi64$mm 圆柱端面贴合，如图 4-74（b）所示。

（4）插入 5 号零件心轴架，使用同轴约束使心轴架 2 个孔与支架 2 个 M8 螺纹孔分别轴对齐，然后使用重合约束使心轴架后端面与支架左侧 $\phi80$mm 圆柱前端面贴合，如图 4-74（c）所示；继续使用重合约束使心轴架与心轴矩形槽底面贴合，如图 4-74（d）所示。

（5）从标准件库中调取 M8×12、M12×16 螺钉分别使用同轴与重合约束安装到指定位置，如图 4-74（e）所示。

（6）导向滑车装配体最终效果如图 4-75 所示。

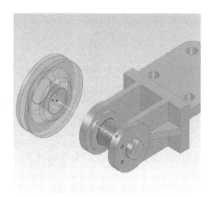

(a)衬套与绕轮两者轴对齐

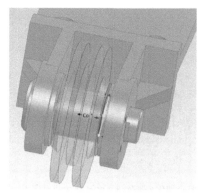

(b)衬套与绕轮圆柱端面贴合

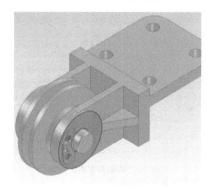

(c)心轴架的固定

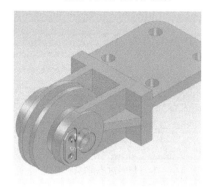

(d)心轴矩形槽底面与心轴架贴合

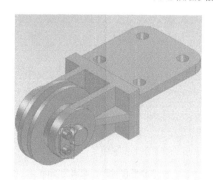

(e)安装M8与M12螺钉

图 4-74　安装绕轮、心轴架与内六角头螺钉

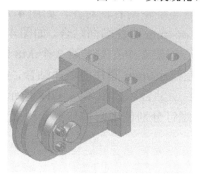

图 4-75　导向滑车装配体最终效果图

第5章 三维建模与工程图设计

5.1 典型零件模型的工程图设计

一台完整的机器或部件，都是由一些零件按一定的装配关系和技术要求组装而成的，这些零件是构成机器或部件的最小单元，是不可拆卸的独立部分。零件图表达了机器零件的详细结构形状、尺寸和技术要求，它是用于加工、检验和生产机器零件的重要依据，画零件图和看懂零件图，是工程技术人员从事技术工作的基础。

本节主要介绍如何从零件的三维模型导出其二维工程图原始图形，并在二维工程图环境下完成其尺寸标注、技术要求的标注与填写、图框标题栏的导入与填写，最终快速生成一张完整的二维零件图。本节以机油泵体的零件模型为例，讲解其二维零件图的生成过程。

5.1.1 从机油泵体的三维模型导出其二维原始图形

参照机油泵体零件图创建其三维模型，如图 5-1 所示。

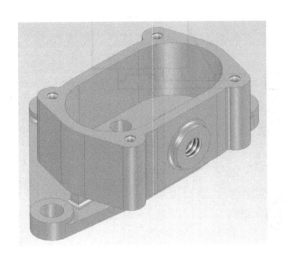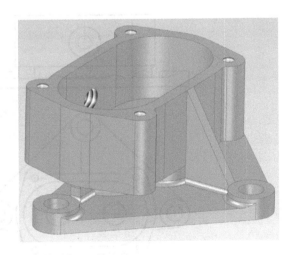

图 5-1 机油泵体三维模型

（1）保存创建的三维模型并打开新的图纸环境，在"三维接口"标签中单击"标准视图"，弹出"标准视图输出"对话框，选择"标准三视图"后如图 5-2 所示。

（2）单击"确定"后放置机油泵体的标准三视图，如图 5-3 所示。

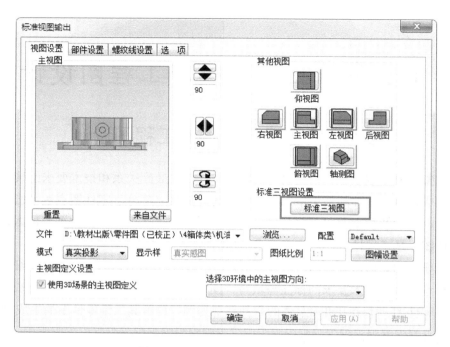

图 5-2 输出机油泵体标准三视图

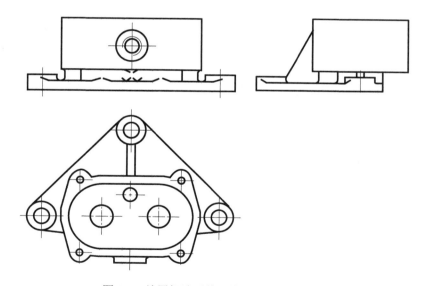

图 5-3 放置机油泵体二维工程图原始图形

（3）由机油泵体零件图最终效果图（参看图 5-27）可知，主视图采用了局部剖视图表达方法，剖切位置为俯视图中两个 ϕ16mm 圆孔的水平中心线。右击主视图，在弹出的菜单中选择"三维视图编辑"后继续选择"视图属性"，在弹出的"视图属性"对话框中选择"输出所有隐藏线"并勾选"螺纹简化画法"后如图 5-4 所示。

图 5-4　调整主视图的视图属性

（4）选择细实线图层，在调整好的主视图中绘制一条封闭的波浪线，绘制波浪线过程中注意避开机油泵体内部键槽孔的下底面，如图 5-5 所示。

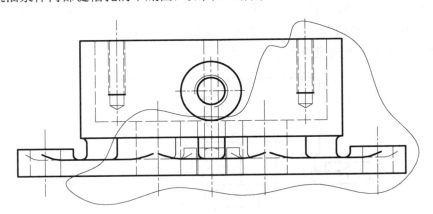

图 5-5　绘制局部剖视图所用到的封闭波浪线

（5）单击"三维接口"中的"局部剖视图"后，继续单击第（4）步绘制的封闭波浪线，右击，在俯视图中选择两个 ϕ16mm 圆孔的水平中心线后单击，自动生成局部剖视图，如图 5-6 所示。

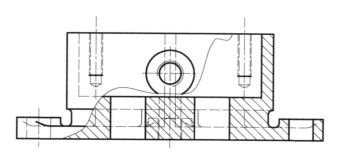

图 5-6 自动生成局部剖视图

（6）由于自动剖切后波浪线的线型变为粗实线，需重新调整其线型为细实线。单击"三维接口"中的"修改元素属性"，在屏幕底部左下角下拉菜单中选择"根据元素"后，依次单击波浪线的各部分线段，右击，在弹出的"编辑元素属性"对话框中将图层改为"细实线"后单击"确定"，则波浪线线型改为细实线。继续右击主视图，在弹出的菜单中选择"三维视图编辑"后选择"视图属性"，在弹出的"视图属性"对话框中选择"不输出隐藏线"，单击"确定"后如图 5-7 所示。

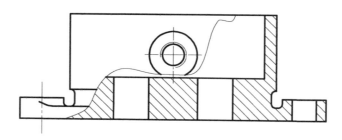

图 5-7 修改波浪线的线型并关闭隐藏线

（7）由机油泵体零件图可知，左视图采用了全剖视图表达方法，删除原有左视图后单击"三维接口"中的"剖视图"，根据命令提示，左键选择主视图螺纹孔竖直中心线所处的位置后右击，此时主视图下方出现两个三角形箭头，如图 5-8 所示。

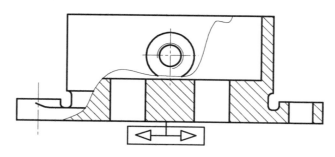

图 5-8 准备生成全剖左视图

（8）单击第（7）步中右侧的三角形箭头，沿指引线放置全剖左视图，并利用"三维接口"中的"修改元素属性"修改完成所有图线后，如图 5-9 所示。

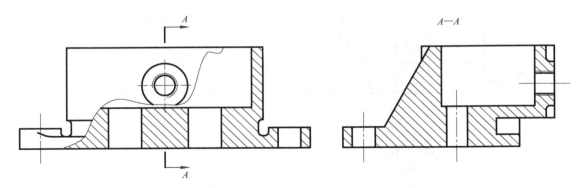

图 5-9　自动生成全剖左视图

（9）由于机油泵体背部的筋板为实心结构，依照制图规范在剖视图中按不剖处理，使用"分解"命令对全剖左视图进行分解操作后，删除筋板部位的剖面线，重新绘制线条并填充后，如图 5-10 所示。

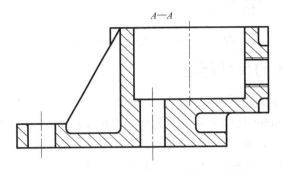

图 5-10　修改左视图使筋板按不剖处理

（10）单击"三维接口"中的"剖面图"，根据命令提示，在主视图中间支撑板所处的位置用鼠标左键从左至右绘制一条水平指引线后右击，此时主视图右侧出现两个三角形箭头，如图 5-11 所示。

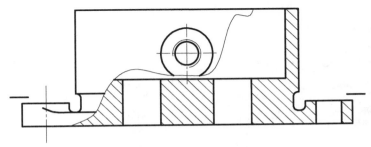

图 5-11　准备生成 A—A 移出断面图

（11）单击第（10）步下方的三角形箭头，在屏幕左下角选择"不导航"后将移出断面图放置在俯视图右侧，如图 5-12 所示。

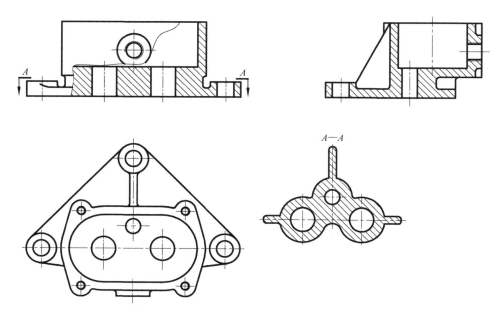

图 5-12　自动生成 *A*—*A* 移出断面图

5.1.2　二维零件图的尺寸标注

常规线性尺寸标注本例不再赘述，仅示范带公差尺寸标注与螺纹标注。

（1）以主视图中φ16mm 孔的尺寸标注为例，先标出线性尺寸后双击该尺寸，弹出"尺寸标注属性设置"对话框后，在"前缀"空白处单击常用符号"φ"，在左下角"输入形式"选择"偏差"，在"上偏差"空白处填写"-0.011"，在"下偏差"空白处填写"-0.029"，如图 5-13 所示。

图 5-13　设置φ16mm 圆孔公差尺寸

（2）在第（1）步对话框中单击"确定"后，φ16mm 圆孔公差尺寸如图 5-14 所示。

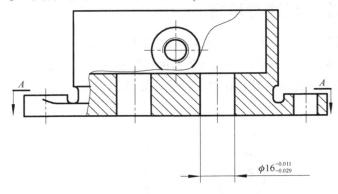

图 5-14　完成φ16mm 圆孔公差尺寸

（3）以俯视图螺纹孔标注为例，该螺纹孔数量为 4，首先用直径尺寸标注其中一个螺纹的大径圆，其次在"标注"标签选择"引出说明"，上下两行对照零件图填写，其中深度符号从"尺寸特殊符号"中直接选取，如图 5-15 所示。

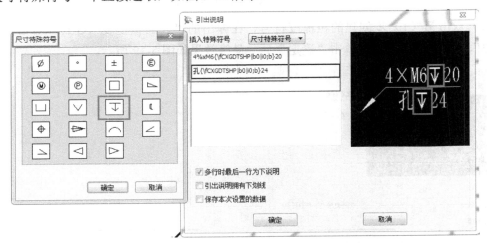

图 5-15　设置螺纹孔尺寸的引出说明

（4）在第（3）步对话框中单击"确定"后，使引出说明的箭头起点放置在上一个直径尺寸的箭头顶点处，放置完成后，螺纹孔尺寸如图 5-16 所示。

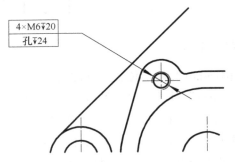

图 5-16　设置螺纹尺寸的引出说明

5.1.3　技术要求的标注与填写

本例仅示范粗糙度符号、形位公差及其基准代号的标注与技术要求文字的填写。

（1）以机油泵体主视图上端面的表面粗糙度符号标注为例，单击"标注"标签中的"粗糙度"，选择主视图上端面放置默认粗糙度符号，如图 5-17 所示。

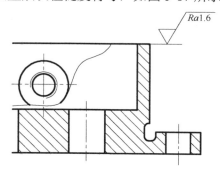

图 5-17　放置默认粗糙度符号

（2）双击第（1）步创建的粗糙度符号，在弹出的"表面粗糙度（GB）"对话框中输入"Ra3.2"，如图 5-18 所示；单击"确定"后，最终效果如图 5-19 所示。

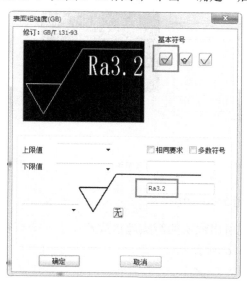

图 5-18　修改默认粗糙度符号

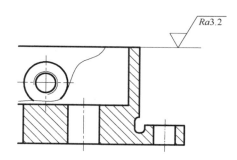

图 5-19　完成粗糙度符号标注

（3）以机油泵体主视图 ϕ16mm 孔的形位公差标注为例，单击"标注"标签中的"形位公差"，在弹出的"形位公差（GB）"对话框中输入第一行公差代号、公差值与基准，继续选择"增加行"添加第二行公差，如图 5-20 所示；单击"确定"后，效果如图 5-21 所示。

（4）单击"标注"标签中的"基准代号"，选择主视图中右侧 ϕ16mm 圆孔尺寸界线放置基准代号，默认代号为 A，单击"确定"后，如图 5-22 所示。

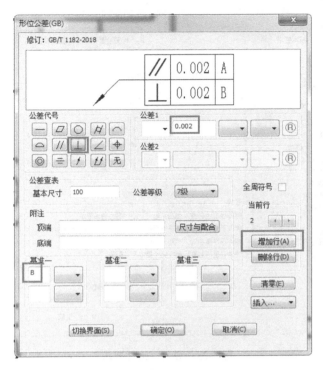

图 5-20　填写形位公差值

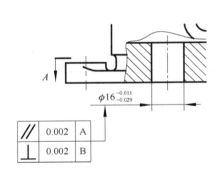

图 5-21　完成形位公差符号标注

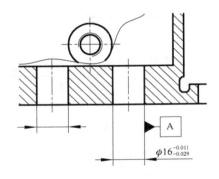

图 5-22　放置基准代号

（5）单击"标注"标签中的"技术要求"，在弹出的"技术要求库"左侧列表里找到"铸件要求"，在右侧列表里双击"铸件不许有裂纹、气孔、疏松等缺陷。"这句话，则自动添加第一行文字表述，如图 5-23 所示；继续在左侧列表里找到"零件要求"，在右侧列表里双击"未注圆角半径为 R5。"这句话，则自动添加第二行文字表述，修改 R5 为 R2 后，如图 5-24 所示；继续在左侧列表里找到"公差要求"，在右侧列表里找到对应的文字描述双击后导入上方表格，单击生成后放置在机油泵体零件图右下角，如图 5-25 所示。

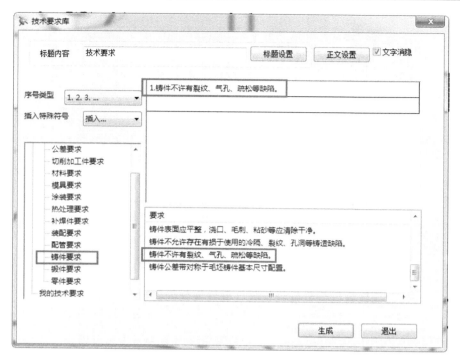

图 5-23 导入"铸件要求"

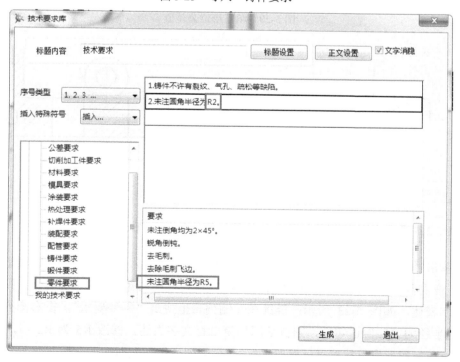

图 5-24 导入"零件要求"并修改

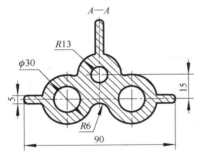

技术要求

1. 铸件不许有裂纹、气孔、疏松等缺陷。
2. 未注圆角半径为R2。
3. 锐角倒钝。
4. 未注公差原则按GB/T 4249—2018的要求。
5. 未注形位公差应符合GB/T 1184—1996的要求。

图 5-25 完成技术要求文字部分的自动生成

5.1.4 图框标题栏的导入与填写

单击"图幅"标签中的"图幅设置"，在弹出的"图幅设置"对话框中选择图纸幅面为 A3，图纸方向为"横放"，标题栏选择"School（CHS）"，如图 5-26 所示。

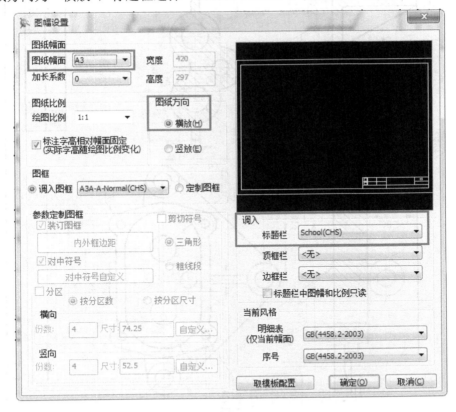

图 5-26 设置图幅与标题栏

5.1.5 完成机油泵体二维零件图的绘制

在 5.1.4 节操作中单击"确定"后，放置 A3 图框，平移之前绘制的全部图形元素到合适位置，双击标题栏填写信息后，机油泵体零件图最终效果如图 5-27 所示。

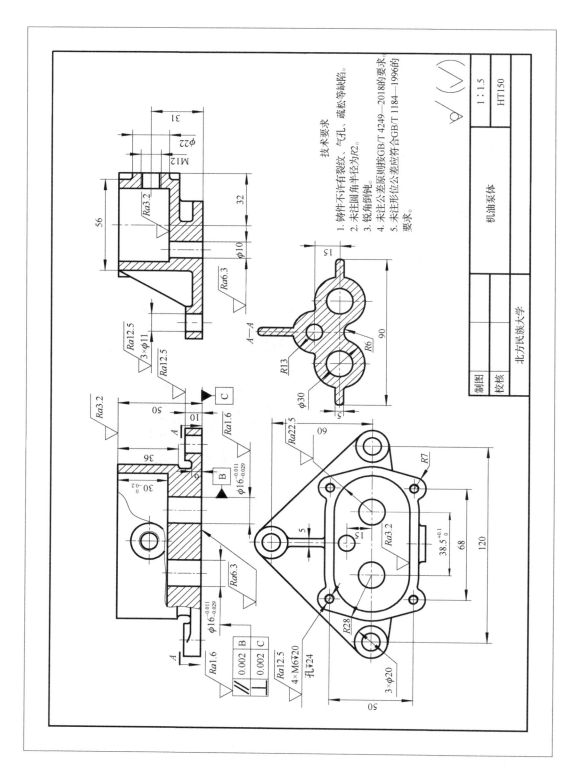

图 5-27　机油泵体零件图最终效果图

5.2　典型装配体的工程图设计

装配图是表达机器或部件的图样，主要表达其工作原理和装配关系。在机器设计过程中，装配图的绘制位于零件图之前，并且装配图与零件图的表达内容不同，它主要用于机器或部件的装配、调试、安装、维修等场合，也是生产中的一种重要的技术文件。

本节主要介绍如何从装配体导出其二维工程图原始图形，并在二维工程图环境下完成其尺寸标注，技术要求的填写，图框、标题栏、明细栏的导入与填写，最终快速生成一张完整的二维装配图。本节以模具锥顶座的装配体为例，讲解其二维装配图的生成过程。

5.2.1　从模具锥顶座的装配体导出其二维工程图原始图形

参照模具锥顶座的图纸完成其装配体的创建，如图 5-28 所示。

图 5-28　模具锥顶座装配体最终效果图

（1）保存创建的装配体并打开新的图纸环境，在"三维接口"标签中单击"标准视图"，弹出"标准视图输出"对话框，选择"标准三视图"后如图 5-29 所示。

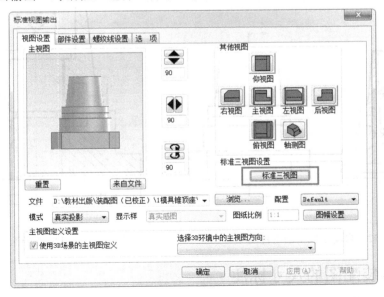

图 5-29　输出模具锥顶座装配体的标准三视图

（2）单击"确定"后放置模具锥顶座装配体的标准三视图，如图 5-30 所示。

（3）由模具锥顶座装配图可知，主视图采用了全剖视图表达方法，剖切位置为前后对称面。删除主视图，单击"三维接口"中的"剖视图"，根据命令提示，选择左视图的轴线作为指引线后右击，此时左视图下方出现两个三角形箭头，如图 5-31 所示。

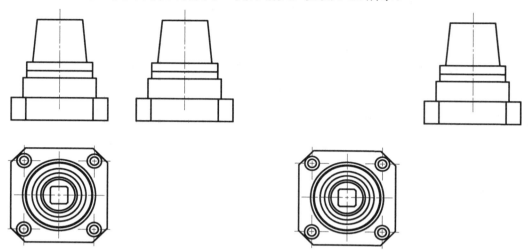

图 5-30　放置模具锥顶座装配体二维工程图原始图形　　　　图 5-31　准备生成全剖主视图

（4）单击第（3）步左侧的三角形箭头，沿指引线放置全剖主视图，如图 5-32 所示。

（5）由于锁紧螺杆为实心零件，依照制图规范在剖视图中按不剖处理。使用"分解"命令分解自动生成的全剖主视图，删除锁紧螺杆内部剖面线，并画出表示平面与内、外螺纹的符号后，效果如图 5-33 所示。

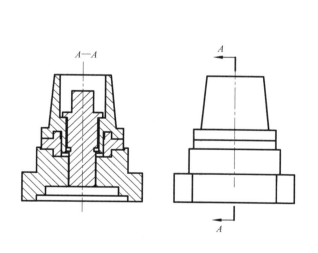

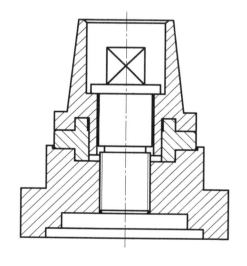

图 5-32　自动生成全剖主视图　　　　　　图 5-33　按制图规范修改全剖主视图

5.2.2　二维装配图的尺寸标注

常规线性尺寸标注本例不再赘述，仅示范带配合尺寸的标注。

（1）以主视图中底座与环套φ32mm 孔、轴的配合尺寸标注为例，先标出线性尺寸后双击该尺寸，弹出"尺寸标注属性设置"对话框后，在"文本替代"空白处单击常用符号"φ"后直接用键盘输入"H7/k6"，如图 5-34 所示。

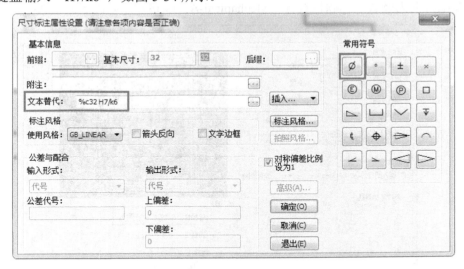

图 5-34　编辑配合尺寸

（2）在第（1）步对话框中单击"确定"后，底座与环套φ32mm 孔、轴的配合尺寸如图 5-35 所示。

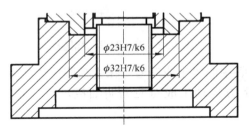

图 5-35　完成配合尺寸的标注

5.2.3　技术要求的填写

单击"标注"标签中的"技术要求"，由于本例技术要求中的文字无法在弹出的"技术要求库"左侧列表里找到，需直接在右侧空白区手写输入，如图 5-36 所示。

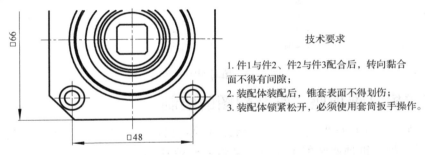

图 5-36　手写输入"技术要求"

5.2.4　图框、标题栏、明细栏的导入与填写

（1）单击"图幅"标签中的"图幅设置"，在弹出的"图幅设置"对话框中选择图纸幅面为 A4，图纸方向为竖放，标题栏选择"Mechanical-A（CHS）"，如图 5-37 所示。

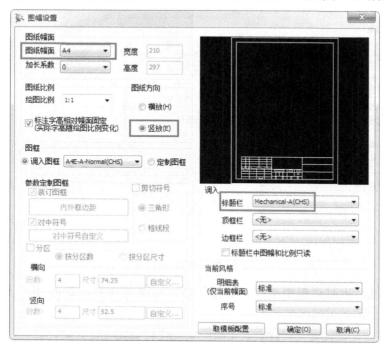

图 5-37　调入图框与标题栏

（2）单击"图幅"标签中的"生成序号"在主视图中依次点选"底座""环套""锥套""锁紧螺杆"，则标题栏上方自动生成对应的明细栏，双击填写明细栏内容，如图 5-38 所示。

图 5-38　填写明细栏内容

5.2.5　完成模具锥顶座二维装配图的绘制

在 5.2.4 节操作中单击"确定"后，平移之前绘制的全部图形元素到合适位置，双击标题栏填写信息后，模具锥顶座装配图最终效果如图 5-39 所示。

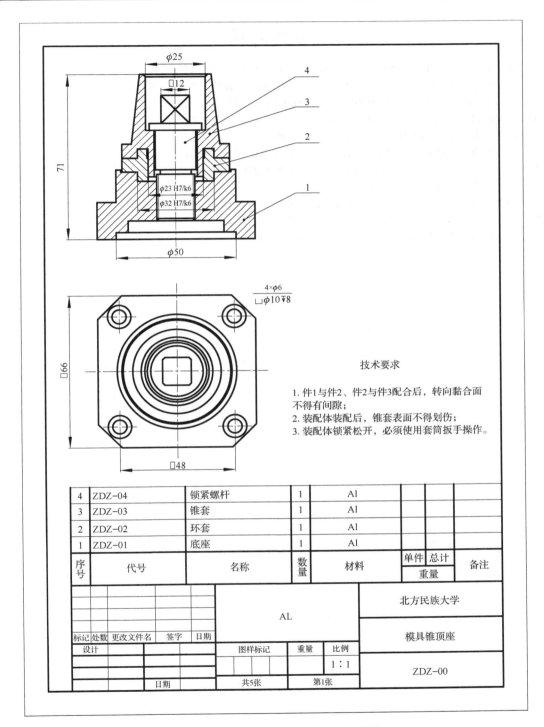

技术要求

1. 件1与件2、件2与件3配合后, 转向黏合面不得有间隙;
2. 装配体装配后, 锥套表面不得划伤;
3. 装配体锁紧松开, 必须使用套筒扳手操作。

序号	代号	名称	数量	材料	单件	总计	备注
					重量		
4	ZDZ-04	锁紧螺杆	1	Al			
3	ZDZ-03	锥套	1	Al			
2	ZDZ-02	环套	1	Al			
1	ZDZ-01	底座	1	Al			

标记	处数	更改文件名	签字	日期		AL		北方民族大学
设计								模具锥顶座
			日期		图样标记	重量	比例	
					共5张	第1张	1:1	ZDZ-00

图 5-39　模具锥顶座装配图最终效果图

参 考 文 献

CAD/CAM/CAE 技术联盟, 2021. CAXA CAD 电子图板从入门到精通. 北京: 清华大学出版社

CAD/CAM/CAE 技术联盟, 2023. AutoCAD 2024 中文版从入门到精通（标准版）. 北京: 清华大学出版社

CAD/CAM/CAE 技术联盟, 2024. AutoCAD 2024 中文版机械设计从入门到精通（中文版）. 北京: 清华大学出版社

CAD 辅助设计教育研究室, 2015. 中文版 AutoCAD 2014 实用教程. 北京: 人民邮电出版社

冯振忠, 2018. 机械制图与 AutoCAD 绘图. 北京: 化学工业出版社

尚凤武, 李志香, 2015. CAXA 创新三维 CAD 教程. 2 版. 北京: 北京航空航天大学出版社

孙万龙, 矫红英, 乔艳辉, 等, 2024. CAXA CAD 2023 实战从入门到精通. 北京: 人民邮电出版社

王静, 2014. 新标准机械图图集. 北京: 机械工业出版社

张云杰, 2022. CAXA CAD 电子图板和 3D 实体设计 2021 基础入门一本通. 北京: 电子工业出版社

钟日铭, 2020. CAXA CAD 电子图板 2020 工程制图. 北京: 机械工业出版社

钟日铭, 2021. CAXA 3D 实体设计 2020 基础教程. 北京: 机械工业出版社